AF555505

POMOLOGIE

FRANÇAISE.

II.

TABLE

DES FRUITS DÉCRITS ET FIGURÉS DANS LE DEUXIÈME VOLUME.

IMPRIMÉ CHEZ PAUL RENOUARD, RUE GARANCIÈRE, N. 5.

POMOLOGIE FRANÇAISE.

RECUEIL

DES

PLUS BEAUX FRUITS

CULTIVÉS EN FRANCE.

OUVRAGE ORNÉ DE MAGNIFIQUES GRAVURES AVEC UN TEXTE DESCRIPTIF ET USUEL,

RÉDIGÉ

PAR A. POITEAU,

BOTANISTE DU ROI, MEMBRE DES SOCIÉTÉS ROYALES D'AGRICULTURE DE LA SEINE, ETC., ANCIEN JARDINIER EN CHEF DU CHATEAU ROYAL DE FONTAINEBLEAU, DES PÉPINIÈRES ROYALES DE VERSAILLES, DIRECTEUR DES HABITATIONS DE SA MAJESTÉ A LA GUYANE FRANÇAISE,

RÉDACTEUR EN CHEF DU BON JARDINIER.

TOME DEUXIÈME.

PARIS.

LANGLOIS ET LECLERCQ, LIBRAIRES-ÉDITEURS,

RUE DE LA HARPE, N° 81.

M DCCC XLVI.

CERISIER.

GENRE de la famille des Rosacées, réunie au genre Prunier par plusieurs botanistes, parce que, en effet, les organes de la fructification n'offrent pas de différences assez tranchantes pour les séparer; de sorte que les caractères génériques que j'ai donnés au genre Prunier peuvent s'appliquer à celui-ci. Mais si la nature a employé la même structure dans les fleurs et les fruits de ces deux genres, elle a donné à chacun une physionomie et des qualités si différentes, qu'il n'est pas possible de les confondre.

HISTOIRE, USAGE ET CULTURE.

Le nom de Cerisier, *Cerasus,* vient de Cérasonte, ville de l'Hellespont, d'où Lucullus apporta cet arbre en Italie, l'an de Rome 680. C'est à-peu-près tout ce que l'on sait de l'antiquité de ce genre d'arbre, et de là nous tirons la conséquence que les Romains ne connaissaient pas la Cerise avant cette époque; de là aussi plusieurs auteurs ont avancé, mais sans preuve, que nous devons le Cerisier aux Romains. Je suis loin de nier que nous devons quelques bons fruits aux Romains, mais je doute beaucoup que nous leur devions le Cerisier. Quand je vois des Merisiers, des Cerisiers se perpétuer dans nos bois, dans nos campagnes, y produire des variétés plus ou moins estimées sans le secours de la culture, j'aime mieux croire que la Gaule avait des Cerisiers avant la conquête de Lucullus.

Quoi qu'il en soit, le genre Cerisier se divise en plusieurs groupes, qui ont reçu chacun un nom particulier; tels que Merisiers, Guigniers, Bigarreautiers et Cerisiers proprement dits. Les Merisiers croissent naturellement dans les forêts, et forment des arbres qui s'élèvent à la hauteur des chênes et des hêtres, soutiennent leurs branches horizontalement, et produisent de petits fruits rouges, noirs, ambrés, qui, avec leur suc plus ou moins doux, conservent toujours un peu d'amertume. Les Guigniers et les Bigarreautiers forment des arbres moins élevés mais plus gros que les Merisiers, et ne se trouvent que dans les endroits découverts ou cultivés; on les reconnaît en ce qu'ils laissent pendre leurs branches. La Guigne a la chair molle et fondante, tandis que le Bigarreau l'a ferme et croquante. Il serait utile de diviser aussi les Cerisiers proprement dits en plusieurs groupes, car on y trouve des fruits doux, des fruits acides, des sucs colorés et colorans et des sucs sans couleurs; certaines espèces élèvent leurs rameaux presque verticalement, tandis que d'autres les laissent pendre, etc.; mais tous ces caractères se trouvant mélangés, croisés, il serait difficile d'établir des divisions sans beaucoup d'exceptions.

Tous les Cerisiers ont le suc gommeux, et lorsqu'il s'extravase et arrive à l'air libre, il coule en larmes et se durcit. Ils ont aussi une double écorce: l'extérieure est mince, dirigée en travers, et ses fibres sont d'une force extraordinaire; l'intérieure est plus épaisse, spongieuse, et a ses fibres dirigées verticalement. Les feuilles sont simples, pétiolées et supulées. Les fleurs naissent en ombelle sur les espèces domestiques, et sont d'un blanc rosé. Quant aux fruits, ils sont ou arrondis ou un peu en cœur, de grosseur variable, selon les espèces et plus ou moins succulens.

Les Cerises, dit Labretonnerie, sont saines étant mangées crues le matin à jeûn: elles sont rafraîchissantes et capables de calmer le trop grand mouvement du sang; mais elles se corrompent aisément dans l'estomac, et peuvent causer des vents et des coliques. Les Cerises se mangent fraîchement cueillies ou séchées comme des Pruneaux; elles s'accommodent aussi en compotes, en confitures, à l'eau-de-vie; on en fait une eau très rafraîchissante avec du sucre ou du sirop; on en fait du ratafia, des glaces; en Espagne et en Provence on en fait même un vin fort agréable.

Les bonnes espèces de Cerises se greffent en fente et en écusson sur des Merisiers à fruit rouge lorsqu'on veut avoir des arbres élevés; mais quand on veut avoir des arbres de peu d'élévation, on les greffe sur des sujets de Cerisier à fruit rond, ou même sur Sainte-Lucie. On plante quelques espèces hâtives en espalier pour avoir des fruits mûrs en mai; mais, en général, tous les Cerisiers aiment le plein vent et craignent la serpette du jardinier. Ils ne sont pas difficiles sur le terrain; cependant ils viennent mieux, et leur fruit est infiniment meilleur, dans les terres douces, légères à l'exposition du midi.

Merisier à fruits rouges. 35a.

Poiteau pinx.t De l'Imprimerie de Langlois. Bocourt sculp.t

MERISIER A FRUIT ROUGE.

Cerasus avium. Lin.

LE nom latin de cet arbre indique assez que son fruit est abandonné aux oiseaux, à cause de son peu de volume; cependant les enfans et les gens de la campagne voisins des forêts le disputent aux oiseaux, et s'en régalent fort bien. Ce Merisier est le plus élevé de son genre: dans les bois de haute futaie il s'élève à la hauteur des plus grands arbres. On en trouve des variétés à fruit rouge, à fruit noir et à fruit ambré: les uns sont hâtifs, les autres sont tardifs, et tous portent le nom de Merise. Les Merises noires sont douces, succulentes et fort bonnes.

Le Merisier vient très vite, et s'élève droit comme une flèche. On le greffe à quelques pouces de terre pour en faire un Cerisier nain ou en buisson, ou à deux ou trois mètres de hauteur, pour en faire un Cerisier tige ou de plein vent.

EXPLICATION DES FIGURES.

1. Bouquet de fleurs.
2. Coupe d'un ovaire un peu grossi, montrant les deux ovules.
3. Coupe verticale d'un fruit.
4. Noyau isolé.
5. Coupe circulaire du noyau.
6. Embryon isolé.

Merisier à fruit jaune.

25a.

Bocourt sculpt.

MERISIER A FRUIT JAUNE.

Cerasus avium Malesherbiana. Poit. et Turp.

N ne rencontre pas ce Merisier à l'état sylvestre comme les autres; il est même rare dans les jardins, probablement parce qu'il charge peu; mais la qualité de ses fruits dédommage bien de leur petit nombre. Il a été introduit au Jardin-du-Roi par Lamoignon de Malesherbes, de vénérable mémoire.

L'arbre est petit, pyramidal, et soutient assez bien ses branches.

Les feuilles sont oblongues, d'un vert tendre, lisses, peu gaufrées, assez velues en dessous.

La fleur est plus grande que celle du Merisier à fruit rouge.

Le fruit est petit, arrondi, comprimé sur les deux côtés, et devient ambré, transparent dans la maturité.

La chair est de la couleur de la peau, très fondante.

L'eau est sucrée.

Le noyau, proportionné à la grosseur du fruit, contient une amande amère.

Cette Merise mûrit en juillet.

Merisier fastigié.

298.

De l'Imprimerie de Langlois.

Bocourt sculp.t

MERISIER FASTIGIÉ.

Cerasius avium fastigiata. Poit. et Turp.

IL y a quelques années que j'ai observé pour la première fois ce Merisier, dans le jardin de M. Cels, barrière du Maine, et il m'a frappé par sa forme pyramidale, que ne partage aucun de ses congénères, et je ne crois pas que M. Cels l'ait multiplié; du moins il ne se trouve plus dans l'établissement de ses enfans. Peu de temps après il en a paru un autre dans le jardin de M. Noisette, qui portait absolument le même fruit, mais l'arbre n'affectait pas la forme pyramidale comme celui de M. Cels; puis M. Noisette ayant cédé la partie de son jardin où était ce Merisier, il a été arraché, de sorte que je ne sais plus où il en existe.

Le dessin que j'en donne ici servira peut-être à le faire reconnaître. Son fruit est d'un jaune ambré; il conserve un peu de l'amertume de la Merise des bois, mais se mange cependant avec plaisir.

Il ne faut pas confondre ce Merisier avec un petit Cerisier à fruit blanc ou ambré, excellent, mais qui charge trop peu, et que, pour cette raison, on ne rencontre que rarement dans les jardins.

Guigne noire. 33o.

Poiteau pinx.t De l'Imprimerie de Langlois. Bocourt sculp.t

E 4

CERISE GUIGNE NOIRE.

Cerasus tenera nigra. Poit. et Turp.

LES Guigniers sont moins hauts que les merisiers ; ils en diffèrent surtout en ce qu'ils laissent pendre les bouts de leurs branches, et que leurs feuilles sont plus molles et pendantes : ces caractères leur sont communs avec les Bigarreautiers; mais ces derniers ont le fruit croquant, tandis que les Guignes sont fondantes.

Les bourgeons du Guignier à fruit noir sont d'un vert tendre, quelquefois lavés de pourpre.

Les feuilles, la plupart oblongues, sont pendantes, molles, terminées en pointe courte, bordées de dents inégales, la plupart surdentées; la nervure médiane et les nervures latérales sont assez velues en dessous. Le pétiole est long, souvent lavé de rouge, muni de quelques poils et d'une ou deux grosses glandes sessiles et ombiliquées.

Les fleurs étant absolument semblables à celles du merisier, je me dispenserai de les décrire.

Le fruit est noir dans la parfaite maturité, figuré en cœur, luisant, haut de 23 à 25 millimètres (10 à 11 lignes), pendu à une queue rougeâtre, longue de 40 millimètres (18 lignes).

La chair est fondante, d'un rouge violet, ainsi que l'eau qui est fort douce et bonne.

On cueille cette Guigne depuis le 15 juin jusqu'au 15 juillet. Elle n'est pas la plus grosse, mais elle est fort estimée.

Bigarreau Commun.

40.

Poiteau Pinx. De l'Imprimerie de Langlois. Bouquet sc.

BIGARREAU COMMUN.

Cerasus Bigarella communis, Poit. et Turp.

LE nom de Bigarreau vient du latin *bis varius*, et ne s'appliquait autrefois qu'aux cerises dont la peau, et quelquefois la chair était bigarrée de diverses couleurs. Dans la suite on négligea la signification du mot, et l'usage aujourd'hui fait ranger sous le nom de Bigarreau toutes les cerises en cœur qui ont la chair ferme et croquante.

On distingue les divers Bigarreaux à leur grosseur, à leur couleur, à leur peau tiquetée ou non tiquetée, et surtout au temps de leur maturité. Les arbres qui les portent et les fleurs qui les précèdent n'offrent que des différences très légères, et surtout très difficiles à saisir.

Le Bigarreautier commun prend assez naturellement une forme conique; ses rameaux, très ouverts, laissent pendre leurs extrémités, qui sont toujours grêles, assez rameuses, terminées par des bourgeons jaunâtres, violets du côté du soleil, anguleux, finement tiquetés, visqueux au sommet.

Les feuilles sont oblongues, pointues, molles, pendantes, le plus souvent creusées en gouttière, longues de 12 à 16 centimètres (4 à 5 pouces), d'un vert jaune tendre, bordées de dents inégales terminées en pointe purpurine. Le pétiole, d'un pourpre violet, porte quelques grosses glandes vers le sommet.

Les boutons à fleurs sont toujours nombreux aux extrémités des branches à fruit; pendant l'hiver ils sont ventrus, aigus; au printemps, leurs écailles intérieures s'ouvrent, s'étendent; alors on voit qu'elles sont soyeuses en dedans, et ciliées sur les bords, et quelques-unes se développent en petites feuilles.

Chaque bouton donne naissance le plus souvent à trois fleurs, d'abord blanches, et qui bientôt prennent une teinte rosée, portées sur des pédoncules grêles, glabrés, longs de 3 à 6 centimètres (1 ou 2 pouces). Avant la fécondation le style est plus court que les étamines; après cet acte il est de leur longueur.

Le fruit a 2 centimètres (10 lignes) de hauteur et presque autant d'épaisseur; il est comprimé, marqué d'un sillon longitudinal qui produit une petite échancrure au sommet.

La peau est luisante, d'un fond pâle et jaunâtre, lavée de rouge vif dans quelques endroits, de rouge pâle dans d'autres, partout tiquetée de points ou lignes très courtes, également rouges.

La chair est blanche, ferme et croquante.

L'eau est vineuse, agréable, peu ou pas assez abondante.

Le noyau est blanc, et non pas rouge, comme le dit Duhamel.

Ce Bigarreau mûrit à la fin de juin et dans le commencement de juillet.

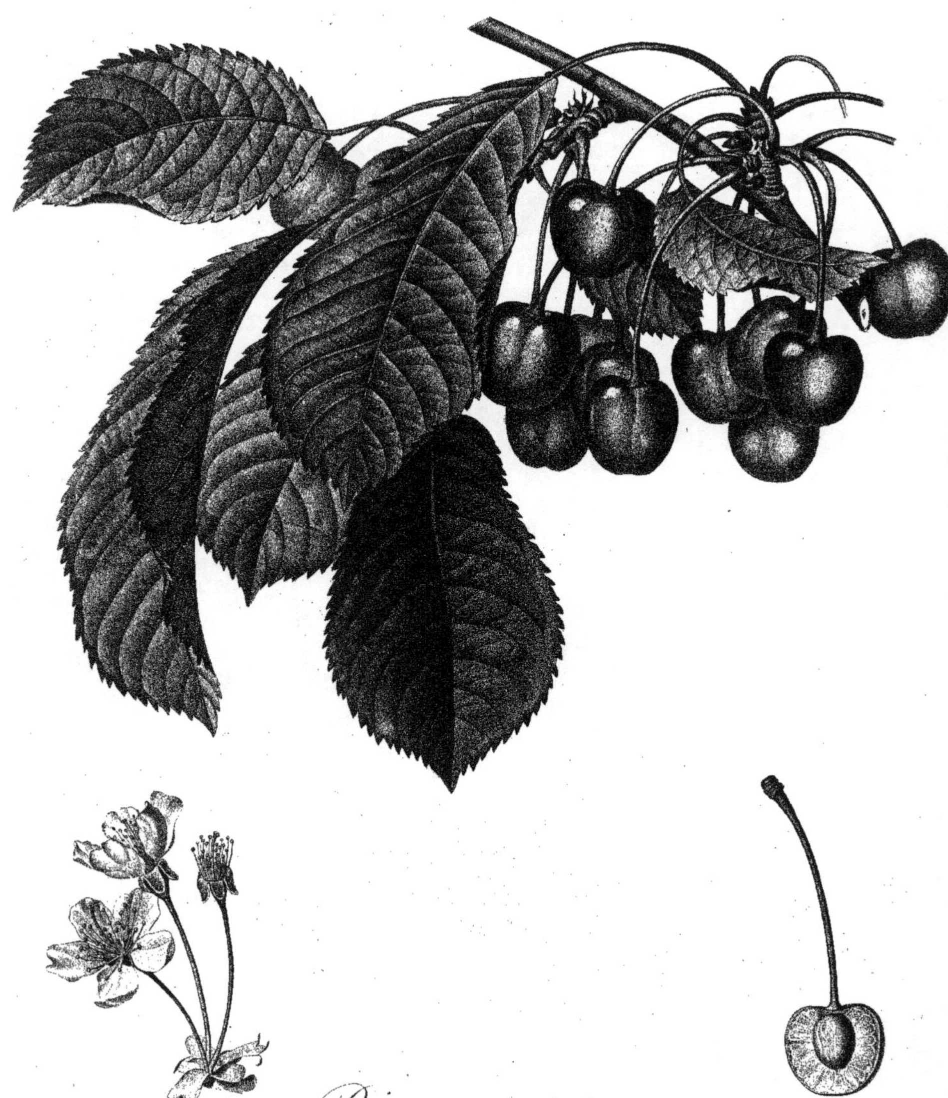

Bigarreau de Rocmont.

370

De l'Imprimerie de Langlois *Bocourt sculp.t*

BIGARREAU DE ROCMONT.

Cerasus bigarella Rocmontis. Poit. et Turp.

ANS quelques établissemens, on appelle ce fruit gros Bigarreau couleur de chair; mais comme la couleur de chair est fréquente dans d'autres Bigarreaux, cette dénomination manque de précision. Dans d'autres endroits on le nomme Bigarreau commun, ailleurs Belle de Rocmont; mais il y a un bigarreau plus commun et moins gros que lui, et qui peut trouver mauvais qu'un autre partage son nom. Quant à la désignation de Belle de Rocmont, elle a l'inconvénient de mêler les genres, et la nomenclature des fruits contient déjà assez d'absurdités sans qu'il soit besoin de consacrer celle-ci.

Le Bigarreautier de Rocmont est un arbre vigoureux et très fertile; il laisse beaucoup pendre ses branches; son bois d'un an est cendré, luisant, marqué de gros points saillans, poudreux, qui paraissent une sécrétion.

Ses bourgeons sont longs, menus, pendans, d'un vert tendre, roux au soleil, munis de boutons jaunes, coniques et aigus.

Les feuilles sont grandes, molles, d'un vert tendre, moins blond que les bourgeons; les inférieures sont ovales avec une pointe courte, les supérieures oblongues avec une pointe allongée; toutes sont d'une étoffe mince, un peu velue en dessous, bordées de grandes dents souvent surdentées. Elles ont le pétiole long, assez menu, d'un rouge violet obscur, muni de quelques soies laineuses, légèrement canaliculé, garni le plus souvent de deux glandes oblongues, presque réniformes quand elles sont grosses, arrondies ou cupulées quand elles sont petites.

Les fleurs sont grandes et d'un beau blanc, portées sur des pédoncules grèles, assez verts, longs de 34 millimètres. Elles ont le calice un peu rouge, à divisions entières; les étamines grêles et longues; la plupart des pétales un peu échancrés au sommet.

Le fruit est gros, cordiforme, d'abord couleur de chair dans le commencement de sa maturité, ensuite d'un rouge vif, marbré et luisant du côté du soleil; le côté du sillon a une élévation considérable vers la base. Un beau fruit a 27 millimètres (un pouce) de hauteur; sa peau est fort tendre; la chair est blanche, très peu croquante.

L'eau est peu abondante et peu relevée.

Le noyau est gros, ovale-oblong, très lisse, les arêtes latérales étant à peine saillantes; il contient une amande amère.

Ce beau Bigarreau commence à mûrir à la mi-juin et dure jusqu'en juillet. Je ne lui trouve pas les excellentes qualités que lui attribue Duhamel.

Gros Bigarreau rouge. 97.

Poiteau Pinx. De l'Imprimerie de Langlois. Bouquet Sc.

GROS BIGARREAU ROUGE.

Cerasus Bigarella magna. Poit. et Turp.

TOUTES les parties de l'arbre qui porte ce fruit sont plus fortes et plus vigoureuses que celles du bigarreautier commun : ses rameaux sont moins effilés et moins inclinés.

Les bourgeons sont gros, courts, d'un vert jaunâtre cuivré, et tiqueté de points roux du côté du soleil. Les consoles, saillantes et légèrement décurrentes, soutiennent de gros boutons roux et coniques.

Les feuilles sont longues de 3 à 5 pouces (81 à 135 millimètres), ovales-oblongues, pendantes, d'un vert tendre en dessus, terminées en pointe raccourcie, bordées de dents arrondies ou aiguës, simples ou surdentées; la page inférieure est plus pâle, velue sur les nervures et dans les angles qu'elles forment entre elles. Duhamel remarque que les feuilles du bigarreautier sont d'un vert plus clair et plus chargées de nervures que celles du guignier.

Lorsque au printemps les boutons à fleur s'ouvrent, on voit que leurs écailles intérieures s'étendent bien, qu'elles sont oblongues, velues, visqueuses, ciliées sur les bords, divisées au sommet par une échancrure du milieu de laquelle s'élève le rudiment d'une feuille qui se développe plus ou moins. Chaque bouton ne contient ordinairement que deux ou trois fleurs un peu plus grandes que celles du bigarreautier commun, elles ont le pédoncule menu, glabre, long de 12 à 18 lignes (27 à 41 millimètres), les divisions du calice réfléchies, à peine denticulées, et les pétales ovales-oblongs, souvent échancrés au sommet.

Le fruit est très gros, pendant comme tous les bigarreaux, oblong, souvent inégal à la surface, comprimé de deux côtés par un sillon; mais ordinairement il y a une bosse assez élevée sur l'un des côtés qui détruit en partie le sillon qu'on ne distingue plus alors que par un trait d'une couleur plus dense que celle du reste de la peau. La hauteur de ce fruit est de 9 à 12 lignes (20 à 27 millimètres), quelquefois davantage, et son diamètre transversal de 10 à 13 lignes (23 à 29 millimètres). La queue est longue de 15 à 24 lignes (34 à 54 millimètres), assez grosse, plantée dans une fossette large et profonde.

La peau adhère à la chair; elle est luisante, d'abord d'un blanc jaunâtre, se lave peu-à-peu de points et de lignes d'un rouge vif qui passe au rouge foncé ou presque noir dans la grande maturité; alors les petites taches qui distinguent les bigarreaux des guignes ne sont plus apparentes.

La chair est ferme, succulente, blanchâtre, rouge ou violette autour du noyau, entrelacée de fibres plus blanches que le reste.

Ce beau fruit mûrit à Montmorency vers le 15 juillet; cependant on le voit sur les marchés dès la fin de juin. Il est vrai qu'à Paris on vend tous les fruits plus cher avant leur maturité, c'est-à-dire quand ils ne valent encore rien, que quand une complète maturité les a rendus excellens.

Bigarreau gros cœuret. 282.

Poiteau pinx.t — De l'Imprimerie de Langlois. — Gabriel sculp.t

BIGARREAU GROS COEURET.

Cerasus bigarella amarella. Poit. et Turp.

APRÈS le bigarreautier de Francfort, c'est celui-ci qui soutient le mieux ses branches. C'est un arbre pyramidal, bien fait, dont les rameaux s'étendent horizontalement ou s'inclinent très peu.

Les bourgeons sont forts, assez longs, couverts d'un épiderme cendré et même comme un peu argenté, fendu et crevassé longitudinalement; souvent cet épiderme manque par places et on voit que l'écorce est d'un vert brun ou foncé

Les boutons à fruit sont nombreux, coniques, obtus et roux.

Les feuilles sont d'un beau vert gai, un peu blond, mais jamais jaunâtres ni pendantes comme dans le bigarreautier commun; elles sont ouvertes, planes, bordées de grandes dents obtuses, inégales ou surdentées et jaunâtres. Le dessous de ces feuilles est pâle réticulé, à nervures un peu ciliées, notamment dans les angles: les pétioles prennent la plupart une teinte violette, sont marquées d'un léger sillon et munis d'une ou deux glandes au sommet.

Les fleurs se développent des premières parmi les bigarreautiers, et il en sort jusqu'à cinq d'un même bouton; elles ont 3 centimètres de largeur, sont d'un beau blanc portées sur des pédoncules souvent cuivrés, longs de 28 à 36 millimètres.

Le fruit est gros, figuré en cœur raccourci, comprimé sur deux faces, marqué sur l'une de ces faces d'une ligne plus colorée, qui, loin de former un sillon creux, comme cela a lieu ordinairement, est souvent plus saillante que le reste de la surface; sa hauteur moyenne est de 20 à 23 millimètres sur autant de diamètre; la queue reste verte ou se lave de violet.

La peau passe du blanc jaunâtre au rouge; elle est alors très marquée de lignes ou de taches allongées et plus rouges; ensuite elle devient cramoisi foncé et presque noire, luisante, transparente, et l'on voit alors que les marbrures ne lui appartiennent pas, qu'elles sont dans la chair; mais ces marbrures sont devenues bien moins évidentes à cause de la densité de la couleur de la peau.

La chair est d'un rouge violet foncé, croquante, un peu amère avant son extrême maturité.

L'eau est teinte en violet; elle est peu abondante d'abord, mais quand le fruit est mûr, on en trouve suffisamment.

Le noyau est ovale allongé bien gonflé, gros, trop gros même relativement au volume du fruit; c'est un inconvénient qui, joint à l'amertume de la chair avant sa parfaite maturité, affaibli de beaucoup le mérite de ce bigarreau, qu'on ne doit cueillir que lorsqu'il est noir.

Il mûrit dans la première quinzaine de juillet. Quelques cultivateurs trouvent qu'il a l'inconvénient de se fendre.

Bigarreau Noir.

138.

Poiteau Pinx. De l'Imprimerie de Langlois Bouquet Sc.

CERISE BIGARREAU NOIR.

Cerasus bigarella francofurtensis. Poit. et Turp.

CETTE variété n'est pas très répandue, et je crois qu'aucun auteur ne l'a encore décrite. Son nom m'a d'abord été communiqué par un ancien pépiniériste de Vitry, nommé Chetenay, surnommé Magnifique, et qui était non-seulement bon pépiniériste, mais encore grand collecteur de fruits. Dès 1805, j'avais remarqué celui-ci dans le jardin de M. Carrier à Ville-d'Avray. Le catalogue de la pépinière du Luxembourg ne le mentionne pas, à moins qu'il n'y soit rangé parmi les Guignes; mais, comme d'après le principe établi dans l'origine de la nomenclature, on est convenu d'appeler Guignes les Cerises en cœur qui ont la chair molle, et Bigarreaux, celles également en cœur qui ont la chair ferme et croquante, j'ai lieu de croire qu'il est resté inconnu dans cette pépinière, et qu'on ne le trouve que dans les pépinières des successeurs de Chatenay-Magnifique à Vitry.

C'est un arbre dont les rameaux sont érigés, et non effilés et pendans comme ceux des autres Bigarreautiers et Guigniers. Son bois est bien nourri; celui des jeunes pousses est verdâtre avec une moelle rousse.

Ses feuilles sont ovales-elliptiques, rétrécies à la base et au sommet, d'un beau vert foncé et non jaunâtre comme dans les autres espèces, munies de poils en dessous le long des nervures: leur pétiole est rougeâtre et muni de glandes plus rouges que lui.

Les boutons à fruit sont fauves, nombreux et bien nourris. Chacun d'eux donne ordinairement naissance à trois fleurs portées sur des pédoncules longs de 35 à 54 millim. (18 à 24 lignes). Elles sont blanches, peu ouvertes, et leurs pétales, minces et délicats, sont assez souvent échancrés en cœur au sommet.

Le fruit est long de 22 millim. (10 lignes), plus gros vert la queue que vers le sommet pendu au bout d'une queue verte ou jaunâtre; longue de 54 millim. (2 pouces).

La peau est noire, luisante dans la maturité.

La chair est ferme, croquante, d'un violet noir et marbré.

L'eau est également d'un violet noir; elle teint les mains.

Ce Bigarreau est une des meilleures espèces. Il mûrit à la fin de juin et dans le commencement de juillet.

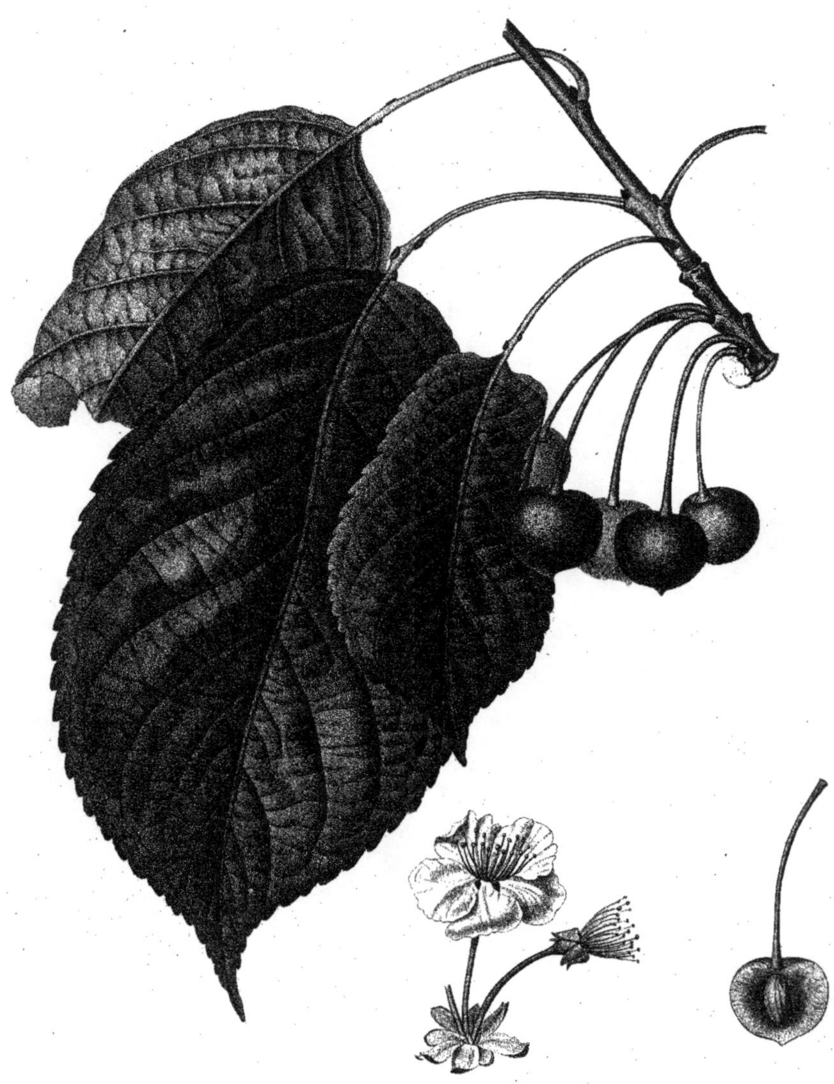

377.

Poiteau pinx.t — *Bigarreau à grandes feuilles.* — Bocourt sculp.t

F. 10

BIGARREAUTIER

A GRANDES FEUILLES.

Cerasus bigarella rostrata. Poit. et Turp.

SPÈCE introduite au commencement du siècle par M. Noisette, sous le nom de Bigarreautier à feuilles de tabac. Ces feuilles sont en effet si grandes qu'on en trouve qui ont jusqu'à 33 centim. (1 pi.) de long: on croyait qu'un arbre qui portait de telles feuilles produirait des fruits démesurément gros, qu'il n'en faudrait que quatre pour faire une livre, et on leur a donné, avant de les avoir vus, le nom de Cerises de quatre à la livre. Une dizaine d'années s'est ainsi écoulée, et pendant ce temps et depuis, l'arbre n'a jamais donné que de petits fruits, de médiocre qualité, en très petit nombre et qui mûrissent du 10 au 15 août.

Aujourd'hui cet arbre est peu ou point cultivé comme arbre fruitier; mais on le trouve comme arbre d'agrément dans les jardins paysagers.

Cerise Commune. N.° 1. 109.

De l'Imprimerie de Langlois. Bouquet sc.

CERISE COMMUNE,

DITE

LA GROSSE.

Cerasus communis var. Poit. et Turp.

SOUS le nom de Cerise commune, les cultivateurs qui alimentent les marchés de la capitale, désignent plusieurs variétés de cerises qu'il n'est pas aisé de distinguer par des caractères physiques, mais qui ont la propriété de mûrir à des époques différentes, ce qui, pour le cultivateur qui spécule, vaut mieux que les distinctions botaniques, si tranchantes fussent-elles. Ainsi, à l'ouest de Paris, depuis Sceaux jusqu'à Montlhéry, on cultive deux variétés de cerises communes avec lesquelles on fournit les marchés pendant trois mois et plus. J'ai déjà parlé de l'une sous le nom de *la Madeleine*, aujourd'hui je vais dire quelques mots de l'autre, sous le nom de *la Grosse*.

C'est dans les communes de Sceaux, Fontenay-aux-Roses, Chatenay, Verrières, et autres des environs, que l'on cultive la Grosse et la Madeleine. La Grosse est une excellente cerise, assez hâtive, aussi grosse que la Montmorency, mais beaucoup plus fertile, c'est-à-dire que l'arbre se charge chaque année, d'une bien plus grande quantité de fruits.

La Grosse est donc une belle et bonne cerise, qui a ordinairement la queue plus courte que la Madeleine, qui mûrit plus tôt, et que des yeux exercés savent distinguer parmi toutes les cerises communes qui encombrent les marchés de Paris dans la saison.

Cerise commune, dite de la Madeleine.

De l'Imprimerie de Langlois. Bouquet Sc.

E.12.

CERISE COMMUNE

DITE

DE LA MADELEINE.

Cerasus communis. Poit. et Turp.

QUE Lucullus, général romain, ait apporté de Cérasunte un Cerisier à Rome, l'an 680 de la fondation de cette ville, c'est un fait avéré dans l'histoire qu'il n'est pas permis de révoquer en doute; mais savoir aujourd'hui de quelle espèce ou variété de Cerise il a enrichi l'Italie, est une question qui est loin d'être résolue, quoiqu'elle ait été tranchée bien des fois par des auteurs plus spirituels qu'éclairés, qui n'ont pas balancé à dire que c'est aussi à Lucullus que de proche en proche la France doit la Cerise. Mais de quelle Cerise entendent-ils parler? Bosc dit positivement que c'est de la Cerise commune, appelée Griotte dans les départemens. Permis à cet auteur d'avoir cru ainsi; quant à moi, je ne puis croire que nous devions à ce général, ni la Cerise commune, ni la Griotte, puisqu'on les trouve l'une et l'autre croissant spontanément dans les bois et les lieux incultes de la Bourgogne, comme on trouve le Merisier dans les forêts aux environs de Paris. Si on me démontre que les Cerises de la Bourgogne sont le reste d'une colonie romaine dans ce pays, alors je n'aurai plus rien à dire.

Quoi qu'il en soit la Cerise commune offre beaucoup de variétés; il y en a de différentes grosseurs, des hâtives, des tardives; les unes sont très acides, d'autres n'ont d'acidité que ce qu'il en faut pour les rendre très agréables au goût. Toutes ont la même couleur au même état de maturité; c'est un beau rouge quand elles commencent à mûrir, et un rouge rembruni quand la maturité est très avancée.

Que la culture ait produit les meilleures variétés ou qu'elle n'ait fait que s'en emparer pour les multiplier, est une autre question qui pourrait trouver des champions dans l'état actuel de nos connaissances, mais que je me garderai bien de soulever ici quoiqu'elle me sourie assez.

Les Cerisiers communs sont de petits et de moyens arbres à tête hémisphérique qui se cultivent en plein vent, et dont les extrémités des rameaux sont très menues et s'inclinent la plupart vers la terre.

Ils ont les feuilles petites (comparativement à celles des Cerisiers à fruit doux), ovales et obovales, inégales, d'un vert assez foncé en dessus, pâles et munies de quelques poils en dessous, bordées de dents nombreuses surdentées.

Les boutons à fleurs sont toujours très nombreux, mais chacun d'eux ne contient guère que deux, trois, rarement quatre fleurs dont les pédoncules s'allongent de 12 à 15 lignes, et dont les fleurs, toujours d'un beau blanc, deviennent larges d'un pouce. Après la défloraison, ces pédoncules ou queues des fruits s'allongent encore un peu.

Décrire la couleur, la grosseur et les qualités d'une Cerise commune serait une chose oiseuse; j'aime mieux dire que la variété représentée par la figure ci-jointe, serait d'un rouge plus rembruni si elle eût été plus mûre, et qu'elle est cultivée aux environs de Paris, sous le nom de *la Madeleine,* nom qui désigne à-peu-près l'époque de la maturité, c'est-à-dire vers le 22 juillet. Elle est, comme l'on voit, fort belle, et lorsqu'elle est bien mûre, les cultivateurs en tirent un bon parti dans cette saison où presque toutes les bonnes Cerises sont passées.

Dans certaines années, à l'exposition du nord ou dans un lieu ombragé, on voit encore de cette Cerise en septembre, et même en octobre, à ce que m'ont assuré quelques cultivateurs de Chatenay, pays où on la cultive beaucoup, tant sous le nom de *la Madeleine* que sous celui de *Tardive*.

Cerise hâtive.

263.

De l'Imprimerie de Langlois.

Giraud sculp.t

CERISIER HATIF.

Cerasus propera. Poit. et Turp.

DUHAMEL, Le Berriays et leur copiste Carvel paraissent n'avoir pas eu d'idée bien nette sur ce Cerisier; car il se trouve indubitablement englobé parmi les variétés mentionnées par Duhamel à son article *Cerisier commun*, et cependant cet auteur venait de le décrire en particulier comme méritant d'être distingué sous le nom de Cerisier hâtif. Le Berriays ne l'a pas reconnu parmi les Cerisiers qu'il a vus aux environs de Nanterre, de Poissy, d'Orgival, etc., quoiqu'on n'y en voie presque pas d'autres. Au reste, il est probable que, du temps de Duhamel et du séjour de Le Berriays à Paris, le Cerisier hâtif était beaucoup moins commun, moins connu, et peut-être moins caractérisé qu'aujourd'hui. Je dis moins caractérisé, parce qu'alors, disent ces auteurs, en avait l'habitude de le greffer, et que probablement cette opération produisait alors ce qu'elle a produit de nos jours à Colombes et dans quelques communes voisines, où l'on voulait introduire l'usage de le greffer sur Cerisier de noyaux, et où l'on s'aperçut bientôt que ses Cerises n'étaient plus ni aussi bonnes, ni aussi précoces qu'auparavant.

On ne peut douter que le Cerisier hâtif ne soit une variété du Cerisier commun; mais c'est une variété qui s'est singulièrement caractérisée. On ne la sème ni on ne la greffe si on veut la conserver franche : on la multiplie de drageons qui croissent au pied et sur les racines des anciens arbres. Multipliée de cette manière elle forme des arbres nains, relativement au Cerisier commun. Des sujets gros comme le pouce et hauts d'un mètre à 1 mètre 30 centimètres rapportent déjà plusieurs livres de cerises. Les plus anciens arbres ne s'élèvent guère qu'à 4 ou 5 mètres, quoique leur tronc ait quelquefois acquis 3 à 4 décimètres d'épaisseur. Ils ont toujours la tête petite, aplatie, assez bien garnie : les rameaux qui la composent sont dirigés la plupart horizontalement et se soutiennent mieux que ceux du Cerisier commun. Les bourgeons m'ont toujours paru plus gros et plus courts que ceux du Cerisier commun, et c'est ce qui fait que les branches se soutiennent mieux horizontalement.

Les feuilles sont un peu plus petites que dans le Cerisier commun, mais du reste elles leur ressemblent ainsi que les fleurs. E...

Le fruit est beau, d'un rouge très vif, arrondi, un peu déprimé au sommet et à la base, du diamètre de 23 à 25 millimètres : il a d'abord assez d'acidité, mais il n'en conserve dans la maturité que ce qu'il en faut pour le rendre très agréable, et attester qu'il appartient à la tribu des cerises communes.

Le Cerisier hâtif aime la terre chaude et légère; il est probable qu'il dégénérerait en terre forte et froide. Il est très cultivé dans les communes de Putheaux, Neuilly, Roelle et Courbevoie. On en voit maintenant dans la plaine du Point-du-Jour vers Boulogne et Sèvres. Sa culture s'introduit aussi entre Paris et Vincennes, et partout dans ces endroits son fruit mûrit en plein champ à la mi-juin. A Verrières les habitans donnent à cette variété le nom de *Cerisier de pied,* nom qui conviendrait aussi à un Cerisier commun qui croit naturellement en Bourgogne, sur le bord de la Loire et ailleurs, mais qui est plus fort et dont le fruit est souvent si acide qu'on ne peut le manger.

Cerise de Montmorency 9.

De l'Imprimerie de Langlois. Bouquet sc.

CERISE DE MONTMORENCY.

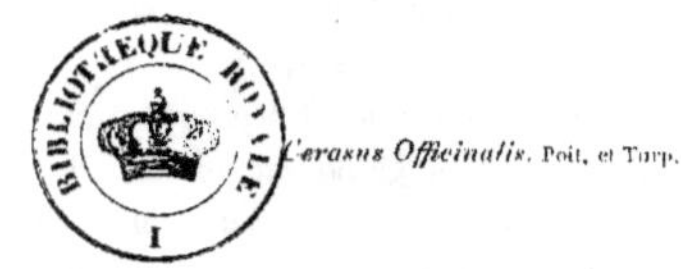

Cerasus Officinalis. Poit. et Turp.

SI jamais on abuse quelque part d'un nom fameux pour vendre une mauvaise marchandise et tromper le public, c'est bien parmi les fruitières au petit pied de Paris, qui, dans la saison, crient à tue-tête dans les rues et sur les ponts: *Montmorency! Montmorency!* tandis qu'elles n'ont sur leur éventaire que des cerises communes, souvent si aigres qu'il est impossible de les manger.

La vraie cerise de Montmorency est très rare à Paris, comparativement à plusieurs autres; elle est même encore plus rare aujourd'hui dans la commune dont elle porte le nom, parce que l'arbre qui la produit est très peu fertile, qu'il devient fort grand, couvre beaucoup de terrain, et que le cultivateur trouve qu'il y a de la perte à le cultiver. Quand, il y a plus de vingt ans, je suis allé à Montmorency pour étudier et décrire cette espèce et la faire entrer dans le TRAITÉ DES ARBRES FRUITIERS, par MM. Poiteau et Turpin (1), à peine pus-je en trouver trois individus dans toute la commune; ils étaient fort anciens, et personne ne s'occupait de leur préparer des successeurs, par la raison que l'espèce donne très peu de fruits, et qu'en conséquence, on ne tenait nullement à la conserver. Dans ce pays, on trouve mieux son compte avec la quantité qu'avec la qualité.

Cependant, il faut bien qu'on cultive cette belle espèce quelque part plus qu'à Montmorency, car ceux qui la connaissent la remarquent, dans la saison, chez les principales fruitières, à la Halle, chez les principaux restaurateurs et confiseurs. Elle est destinée pour les hautes classes de la société, qui la paient trois ou quatre fois plus cher que les autres.

Si le Cerisier de Montmorency est une variété du Cerisier commun, comme on a des raisons pour le croire, c'est du moins une variété très distincte par ses plus

(1) *Traité des Arbres fruitiers*, par A. Poiteau et P.-J.-F. Turpin, commencé en 1807 et terminé en 1835. Cet ouvrage en 6 volumes grand in-folio, contient la description de plus de 400 sortes de fruits et leurs figures peintes sur peau de vélin par les auteurs mêmes, gravées au burin, imprimées en couleur et retouchées au pinceau. Des rapports de l'Académie des Sciences et de la Société d'Horticulture de Paris attestent que ce Traité est ce qui a jamais été fait de mieux sur les fruits. On le trouve à Paris, chez F.-G. Levrault.

grandes dimensions, par la plus grande largeur de ses feuilles et de ses fleurs, et surtout par la plus grande grosseur de ses fruits, qui cependant diminuent de volume quand l'arbre est fort vieux, mais on leur rend leur première grosseur en greffant un rameau de vieil arbre sur un jeune sujet de merisier.

Cette belle et très bonne cerise est ordinairement déprimée d'un côté, quelquefois de deux côtés opposés, et ayant toujours un grand enfoncement dans lequel s'insère la queue qui est longue et grosse. Dans le commencement de juillet, elle prend un beau rouge-clair, et c'est alors qu'il faut la cueillir pour les divers procédés de conservation en usage dans les offices; mais pour la manger crue, on doit attendre encore huit ou quinze jours, ou jusqu'à ce que son rouge-clair soit passé au foncé rembruni; alors elle n'a plus que l'acide nécessaire pour la rendre très agréable et la distinguer des cerises douces proprement dites.

Cette cerise ayant encore le mérite de ne mûrir que quand beaucoup d'autres sont déjà passées, le propriétaire aisé ne doit pas négliger d'en avoir un ou deux pieds dans son verger, à haute ou à basse tige. C'est même la seule qui, avec quelques cerises douces que je décrirai plus tard, soit digne de paraître sur les tables somptueuses.

En finissant cet article, je dois faire remarquer que le cerisier de Montmorency ne vient pas partout aussi grand qu'à Montmorency même; sans doute que la terre, et peut-être l'exposition de cette commune, lui sont plus favorables que d'autres.

Cerise à courte queue. 87

Poiteau Pinx. De l'Imprimerie de Langlois. Bouquet Sc.

CERISE A COURTE QUEUE.

Cerasus brevipes. Poit. et Turp.

IL y a plusieurs variétés de Cerises à courte queue : les unes sont douces et fort bonnes, tandis que d'autres sont d'une acidité rebutante, et cependant on ne peut les distinguer qu'au goût. Il faut donc que le pépiniériste ne prenne des greffes que sur les arbres reconnus pour ne porter que des fruits doux.

Dans le commerce on confond assez souvent la Courte queue avec la Montmorency : quoique ces deux Cerises ne se ressemblent nullement, et que les arbres qui les portent soient très différens l'un de l'autre. La Courte queue porte aussi le nom de gros Gobet ou Gobet à courte queue.

Le cerisier à Courte queue me semble constituer une race qui a plusieurs variétés que l'on peut toujours rapporter à leur type. En effet, tous les arbres qui lui appartiennent sont d'une petite stature, ont les bourgeons jaunes, effilés, les feuilles plus étroites que les autres, et enfin leur fruit outre que la queue est très courte, a un sillon plus large et plus profond qu'aucune autre cerise.

Les boutons à fruit sont coniques, imbriqués, d'écailles rousses à peine velues en dedans ; au printemps ces boutons s'ouvrent et prennent la forme d'un entonnoir ; leurs écailles intérieures grandissent, verdissent et prennent la forme de petites feuilles denticulées, ciliées sur les bords, et munies de grandes stipules. Ces écailles ne s'écartent pas comme dans les Guignes et les Bigarreaux, ni même autant que dans les Cerises douces, et quelques-unes des plus extérieures persistent souvent jusqu'à la maturité du fruit.

Chaque bouton donne naissance à trois ou quatre fleurs grèles, larges de 9 à 10 lignes (20 à 24 millimètres), portées par des pédoncules anguleux, dont la longueur varie ordinairement de 6 à 12 lignes (14 à 27 millimètres), et qui quelquefois même n'ont que 3 lignes de longueur.

Le fruit est beau, d'une bonne grosseur, déprimé en dessus et en dessous, et toujours marqué d'un large et profond sillon sur le côté, comme une échancrure. La queue est grosse et raide, et n'a ordinairement que 3, 6 ou 12 lignes de longueur.

La peau, d'abord d'un rouge vif, passe, dans la maturité, au rouge-pourpre foncé.

La chair est fine, sans couleur, excepté auprès du noyau, où elle est un peu rougeâtre.

Cette belle cerise mûrit à la fin de juillet. Elle est excellente crue ou confite, si l'on choisit bien les arbres dont le fruit est le plus doux.

Cerise à bouquets. 346.

Poiteau pinx.t De l'Imprimerie de Langlois. Bocourt sculp.t

CERISIER A BOUQUET.

Cerasus conglobata. Poit. et Turp.

IL est presque inutile de dire que ce Cerisier est un petit arbre diffus, à rameaux grêles, à petites feuilles, puisque ses fleurs seules offrent un caractère qui ne se rencontre dans aucun autre Cerisier, et qu'elles suffisent pour le faire reconnaître au milieu de ses congénères. Je me bornerai donc à parler des fleurs et des fruits.

Dans cette espèce il sort jusqu'à six fleurs d'un même bouton; elles sont composées chacune de cinq, quelquefois de six ou sept pétales; de trente à quarante étamines; d'un à douze pistils, qui ont à leur base autant d'ovaires libres, tous attachés au fond du calice sans adhérence les uns aux autres.

Ceux de ces ovaires qui n'avortent pas, deviennent des cerises, rondes d'abord, mais qui bientôt se trouvent comprimées par leurs voisines sans cependant se souder ensemble.

Elles ont la peau dure, d'un rouge clair et vif, et chacune contient un noyau. La chair est blanche.

L'eau est un peu trop acide pour que ce fruit se mange autrement qu'en compote, ou glacé de sucre.

Ce fruit mûrit dans la dernière quinzaine de juin.

Obs. Si les botanistes ne regardaient pas cette multiplicité d'embryons au milieu d'une famille qui n'en a qu'un, comme une chose insignifiante, comme un écart de la nature, leurs classifications ne seraient pas aussi aisées à faire.

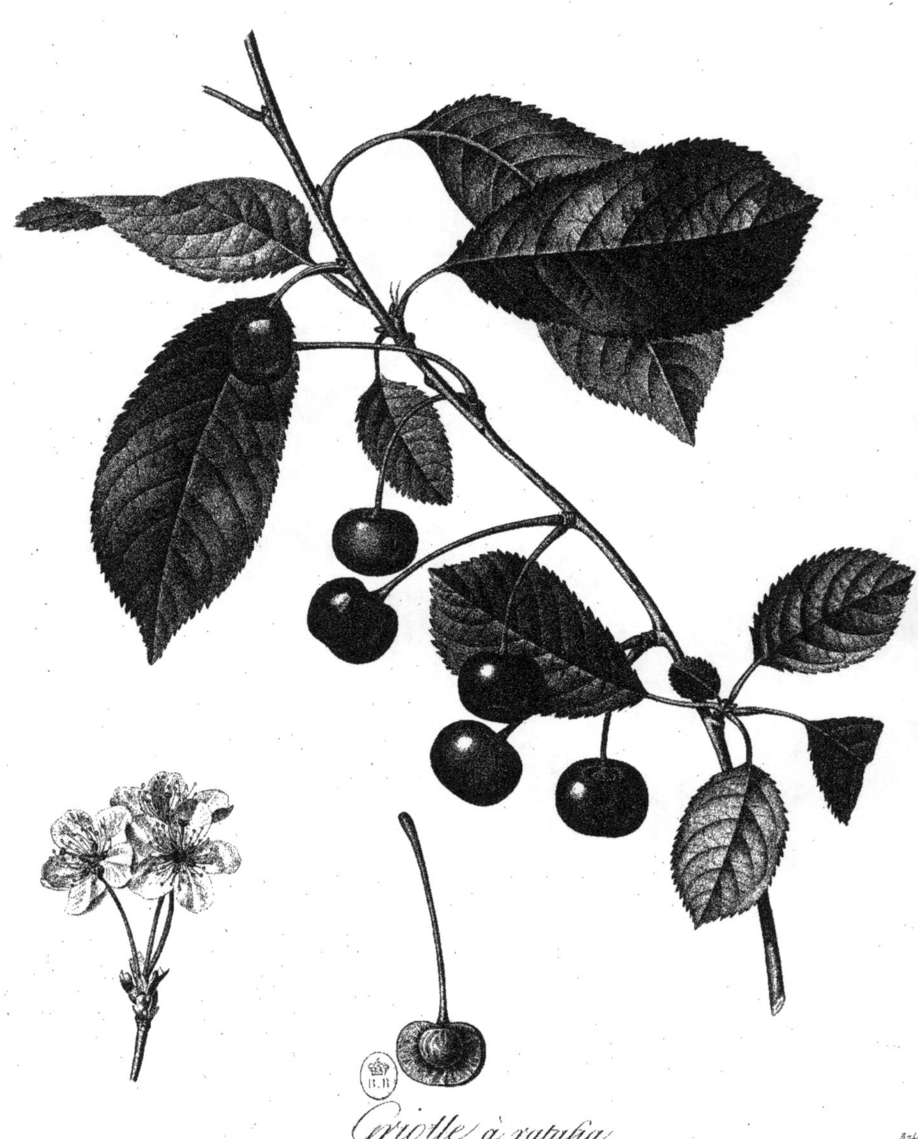

Griotte à ratafia.

De l'Imprimerie de Langlois.

Bocourt sculpt.

CERISE GRIOTTE A RATAFIA.

Cerasus peracida. Poit. et Turp.

CE Griottier est susceptible de s'élever fort haut, quoique son tronc ne prenne pas un grand diamètre. Ses branches sont menues, horizontales et même pendantes. Son écorce est d'un gris foncé. Il a les bourgeons menus, d'un vert tendre, tiquetés et garnis d'yeux petits, roux et coniques.

Ses feuilles sont ovales-oblongues, aiguës, d'un vert foncé, presque noir, très planes, lisses, longues de 80 à 108 millim. (3 à 4 pouces), bordées de petites dents arrondies ou surdentées.

Les fleurs sortent le plus souvent quatre à quatre de chaque bouton, portées sur des pédoncules menus, mais roides, longs de 34 millim. (15 lig.), verts ou colorés. Ces fleurs ont 27 millim. (1 pouce) de largeur.

Le fruit n'est jamais aussi nombreux que sur les Cerisiers communs. Il est de moyenne grosseur, haut de 16 millim. (7 lig.) sur 23 millim. (10 lig.) de diamètre, très comprimé du côté du sillon qui ne se distingue pourtant que par un trait. La queue est verte, longue de 45 millim. (20 lig.), ordinairement sans support quand le fruit est solaire, mais augmentée d'un support long de 7 millim. (3 lig.) quand il noue plusieurs fruits d'un même bouton.

La peau passe du beau rouge écarlate au rouge brun dans la maturité.

La chair est marbrée, moins rouge à la circonférence qu'auprès du noyau. Elle contient une eau trop acide ou amère pour pouvoir être mangée.

Le noyau est gros, arrondi, comprimé et marbré de rouge.

Cette Cerise est estimée pour faire du ratafia. On en distingue même une petite et une grosse. Au Jardin-du-Roi on l'appelle Cerise marasque, parce que c'est avec elle que l'on fait le marasquin. Quelques jardiniers l'appellent aussi Cerise Cassis ou Cacis, parce qu'on la prépare comme cette Groseille. Lorsqu'elle est excessivement mûre elle peut être mangée.

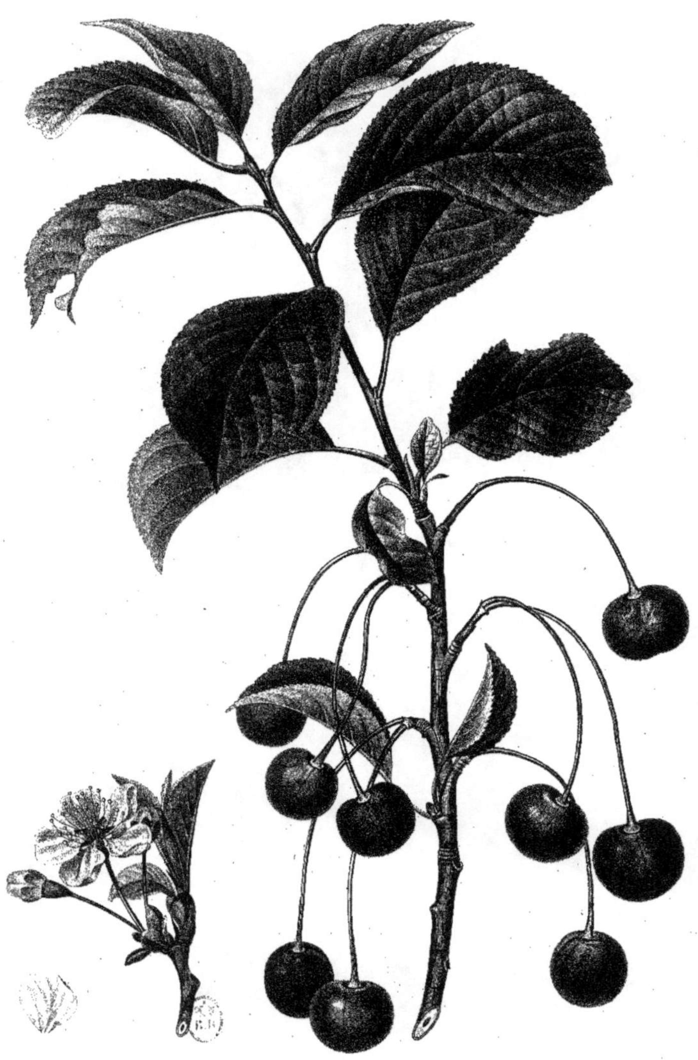

Cerise du nord.

286.

Poiteau pinx.t De l'Imprimerie de Langlois. Giraud sculp.t

CERISE DU NORD.

Cerasus longipes. Poit. et Turp.

LA culture, en France, doit cette espèce à M. Noisette, qui l'a rapportée du Brabant en 1806. Elle est, dit-il, connue dans tout le Brabant et dans toute la Hollande sous le nom de Cerise du nord. Elle y est très commune; on la cultive en espalier au nord, non contre des murs, mais contre des planches. Elle y mûrit vers la fin d'août et devient douce, excellente. On la cultive également en Russie, et c'est de ce pays que les Hollandais et les Brabantins l'ont tirée, c'est pourquoi ils l'appellent Cerise du Nord.

Mais depuis lors, M. Noisette a acquis une grande propriété en Bourgogne (Yonne), et il m'a assuré plusieurs fois que cette même Cerise croît spontanément dans ses bois et dans d'autres de la contrée. Elle fleurit de dix à quinze jours plus tard que les autres aux environs de Paris. On la rencontre à présent dans beaucoup de jardins; mais on ne la voit jamais sur les marchés, par la raison que, quoique paraissant mûre vers la fin d'août, elle ne l'est réellement pas; que ce n'est guère qu'en octobre qu'elle atteint toute sa grosseur, qu'elle prend toute son eau et le rouge brun foncé qu'elle doit avoir. C'est véritablement un griotte qui n'est mangeable que dans un grand état de maturité; et, en attendant, les oiseaux la dévorent. Le moyen de la conserver est de la cultiver en espalier et de couvrir l'arbre d'un filet. C'est une très belle Cerise qui peut devenir une fois plus grosse et d'un rouge beaucoup plus noir que celle du dessin ci-joint, et qui paraît plus propre à être cuite ou mise à l'eau-de-vie, qu'à être mangée sans apprêt.

Cerisier nain. 192

Poiteau pinx.t De l'Imprimerie de Langlois. Bouquet Sculp.t

CERISIER-NAIN.

Cerasus nana. Poit. et Turp.

LE mérite de ce petit Cerisier consistant dans la précocité de ses fruits, on le plante en espalier au midi pour en avancer encore la maturité. Duhamel dit que ce Cerisier ne s'élève qu'à 11 centim. (4 pieds); cependant on en voit à Montreuil qui atteignent le haut des murs qui ont 22 centim. (8 pieds) d'élévation, et qui les dépasseraient si on ne les contenait pas par la taille. Il devient moins grand en plein vent, parce que rien ne supplée à la faiblesse de ses rameaux. On le greffe sur des drageons de Cerisier à fruit rond, ou sur Sainte-Lucie, ce qui contribue encore à le tenir bas.

Sa tige principale atteint rarement la grosseur du poignet. Planté en plein vent, ses rameaux sont diffus et inclinés. Ses bourgeons sont très menus, d'un vert tendre pendant l'année de leur naissance, bruns et ponctués pendant la seconde année.

Les feuilles sont oblongues, presque lancéolées, rétrécies également aux deux extrémités, terminées en longue pointe au sommet, inégalement dentées, d'un vert foncé et luisant en dessus, longues de 8 à 10 centimètres (3 ou 4 pouces); celles des bourses sont plus petites, d'un vert plus foncé, proportionnellement plus larges au sommet, et terminées par une pointe plus courte.

Les fleurs sont grêles comme celles du Cerisier de Sibérie, mais un peu plus grandes. Il en naît deux, trois ou quatre de chaque bouton, portées sur des pédoncules assez gros, longs de 14 à 16 millimètres (6 à 7 lignes), et réunis dans chaque bouton sur un support commun très court.

Le fruit est arrondi, petit, déprimé à la base et au sommet, du diamètre de 14 à 18 millimètres (6 à 8 lignes).

La peau est fine, luisante, d'un beau rouge clair, vif dans la maturité, même un peu foncé, dit Duhamel.

L'eau a beaucoup d'acidité; cependant, comme cette Cerise mûrit en espalier huit ou dix jours avant l'Angleterre hâtive, c'est-à-dire le 10 ou 12 mai, époque où l'on n'a encore vu aucun fruit nouveau, elle mérite d'être cultivée. Elle orne les desserts et se mange en compote ou glacée de sucre.

Cerisier de Siberie. 86

Poiteau Pinx.t De l'Imprimerie de Langlois. Bouquet Sc.

CERISIER DE SIBÉRIE.

Cerasus chamærasus. Poit. et Turp.

S'IL est vrai que la culture change l'acide des fruits en suc savoureux, elle n'a pas encore réussi à rendre assez douce la Cerise de Sibérie pour que nous la mettions au rang de nos espèces cultivées; et quoique je sois l'un de ceux qui reconnaissent le mieux la puissance de la nature pour opérer des métamorphoses, je crois qu'elle est encore loin d'être prête à permettre que ce petit Cerisier rivalise avec les nôtres par la douceur de son fruit. En attendant, c'est un charmant arbrisseau, qui figure très bien dans les jardins paysagers.

Ce petit Cerisier, haut de 1 à 2 mètres (3 à 6 pi.), a les rameaux menus, très divisés, la plupart inclinés vers la terre, et lui forment une tête assez arrondie. Ses feuilles, glabres et luisantes, n'ont pas l'ampleur de celles de ses altiers congénères; mais elles sont proportionnées à sa taille, tout en conservant les caractères obligés de la famille. Il se couvre, dans la saison, de petites fleurs blanches, auxquelles succèdent, en temps convenable, de petites cerises du plus beau rouge, que les oiseaux respectent pour le plaisir de nos yeux, bien entendu, mais que les enfans, qui ne raisonnent pas aussi bien que les oiseaux, dévorent d'autant plus, qu'elles naissent toujours à leur portée.

Cerise de la Toussaint. 23

De l'Imprimerie de Langlois — Bouquet Sc.

CERISE DE LA TOUSSAINT.

Cerasus serotina. Poit. et Turp.

E Cerisier appartient à la section des Cerisiers communs ou à fruits aigres ; il reste toujours menu et ne s'élève pas au-delà de 5 à 6 mètres. Ses rameaux sont faibles et pendans ; les plus forts ne produisent que du bois et des feuilles assez grandes; les plus faibles fleurissent et fructifient tout l'été et l'automne, et n'ont que de petites feuilles qui, comme les plus grandes, sont d'un vert gai luisant, coriaces, bordées de dents inégales, glanduleuses, plus ou moins aiguës.

A mesure que les petites branches à fruit croissent, il sort des aisselles de leurs feuilles des fleurs solitaires ou géminées portées sur des pédoncules ligneux qui s'allongent considérablement, se ramifient et donnent naissance à de nouvelles feuilles, à de nouvelles fleurs et de nouveaux fruits qui se succèdent jusqu'aux gelées quand l'été et l'automne ne sont pas trop secs. Les fleurs sont blanches d'abord, ensuite un peu roses, quelquefois irrégulières par l'addition de deux ou trois pétales.

Le fruit est petit, déprimé à la base et au sommet, marqué d'un léger sillon du côté où passe le faisceau de fibres qui entre dans le noyau.

La peau est lisse, ferme d'un très beau rouge vif.

L'eau est très acidulée.

Le noyau est blanc, presque rond.

Comme ce Cerisier ne commence à fleurir qu'en juin, ses premières fleurs nouent toujours fort bien; mais quand l'été est sec, les suivantes ne nouent pas ou se développent mal, jusqu'à ce qu'une pluie abondante ait ranimé la sève : alors il se couvre de fleurs et bientôt après de fruits qui deviennent la pâture des oiseaux ou des enfans, à qui leur grande acidité ne déplaît pas.

Malgré la mauvaise qualité des fruits de cet arbre, il est bon d'en avoir un pied quand on possède un jardin un peu vaste; d'abord, parce qu'il est curieux à voir, ensuite parce que son mode insolite de fleurir peut éclairer la physiologie végétale.

Royale ordinaire. 196.

De l'Imprimerie de Langlois. Bouquet sculp.t

CERISE ROYALE ORDINAIRE.

Cerasus regalis communis. Poit. et Turp.

Si la cerise de Montmorency est à juste titre placée à la tête des cerises acides, celle-ci se place avec autant de raison à la tête des cerises douces.

Le port des cerisiers, si négligé par Duhamel, est d'une grande ressource pour l'étude de ses arbres, en ce que, par son moyen, on peut les réunir en un petit nombre de groupes très naturels, faciles à reconnaître; ainsi les Royales, la belle de Choisy, la reine Hortense forment un groupe particulier d'arbres de moyenne force, et dont les rameaux, toujours peu divisés, s'étendent horizontalement quand ils ont quelques années. Aucun autre cerisier n'a les rameaux comme ceux-ci.

Quand l'arbre d'une Royale est formé, ses rameaux sont ouverts, élastiques et flexibles, peu nombreux, vagues, diffus, même inclinés ou pendans quand ils sont chargés de fruits.

Les feuilles sont grandes, constamment plus allongées et terminées en pointe plus longue que dans la Royale hâtive, bien étoffées, fermes, bordées de grandes dents inégales ou surdentées; elles ont le pétiole gros, canaliculé, souvent bronzé, et muni au sommet d'une ou deux grosses glandes jaunâtres.

Mais c'est dans le fruit que réside la différence tranchante qui le distingue de la Royale hâtive ; ceux de la Royale hâtive deviennent presque noirs, tandis que ceux-ci restent d'un beau rouge dans la plus parfaite maturité. Ils atteignent un diamètre de 27 à 29 millimètres sur 20 à 23 de hauteur; leurs deux côtés sont un peu comprimés, et leur sommet à un faible aplatissement au milieu duquel on aperçoit la cicatrice causée par la chute du style.

La chair de ce beau fruit ne rougit nullement; elle prend une couleur jaune ou ambrée, et l'eau qu'elle contient est douce, sucrée, délicieuse.

Cette cerise commence à mûrir, aux environs de Paris, vers le 15 juillet. En Normandie, on la désigne sous le nom de cerise musquée, et en la goûtant dans ce pays, j'ai cru en effet y reconnaître un petit goût de musc; mais cette qualité est ou accidentelle ou si faible qu'elle n'est pas remarquée aux environs de Paris.

Obs. La fureur de multiplier les espèces a fait relater dans les catalogues, sous le nom de

Royale tardive, une dégénérescence de celle-ci, dont on n'aurait jamais dû s'occuper que pour la détruire à mesure qu'elle paraît. On voit tout d'un coup une branche de cerisier royal pousser avec moins de vigueur après la floraison; on voit que les fruits de cette branche grossissent beaucoup moins que les autres, qu'ils restent ordinairement plus petits, qu'ils se colorent moins, et qu'ils n'atteignent jamais ni la beauté ni les qualités des autres. Une branche ainsi dégénérée ne se raccommode jamais, et les jardiniers de Montreuil suppriment soigneusement toutes celles qui se présentent ainsi sur leurs arbres; mais des pépiniéristes les greffent et les multiplient quoique tout le monde convienne que la Royale tardive qui en résulte est un mauvais fruit, trop acide, et indigne du beau nom de Royale.

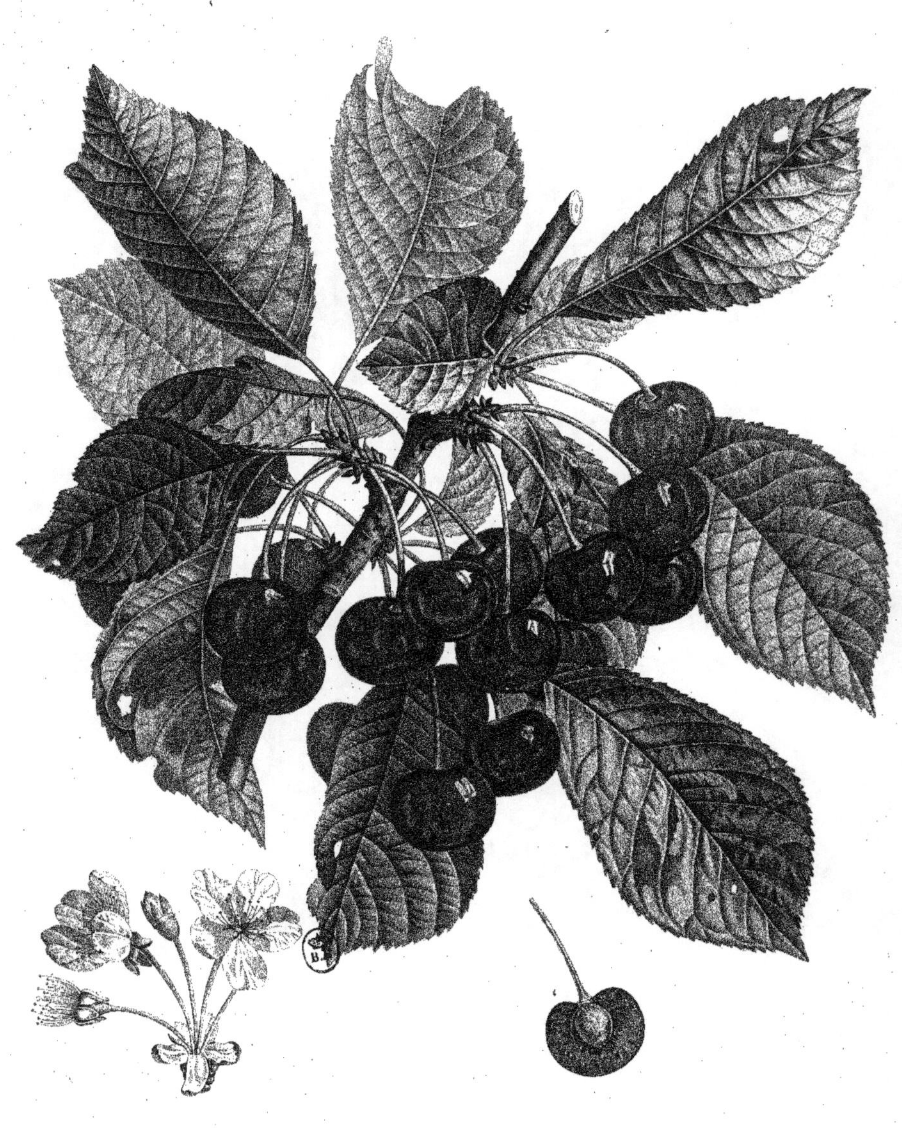

Royale hâtive.

23.

De l'Imprimerie de Langlois.

Bouquet Sculp

CERISE ROYALE HATIVE.

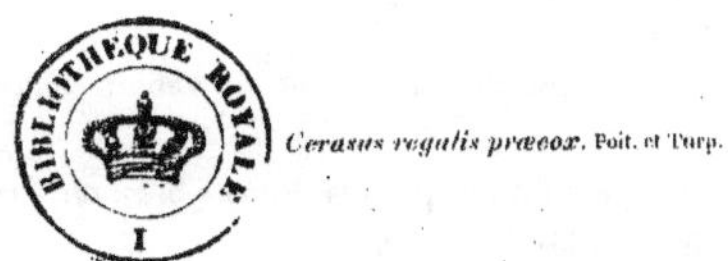

Cerasus regalis præcox. Poit. et Turp.

ON distingue plus ou moins clairement dans les pépinières trois variétés de Cerise royale, et que l'on désigne souvent par les noms de *Cherry Duke*, *May Duke* et *Holman's Duke*. Ces noms en *uke*, inconnus à La Quintinye, ont été introduits pendant le XVIIIe siècle, quand les Français voulaient tout faire et tout dire à l'*anglaise*, sans réfléchir combien les *k* répugnent à notre langue.

Si quelqu'un voulait me soutenir qu'il n'existe qu'une seule Cerise royale, il me trouverait assez disposé à partager son opinion; mais, en ma qualité d'historien, je suis obligé d'enregistrer l'état de la question, et dire qu'en 1838, les pépiniéristes annoncent encore sur leurs catalogues, le Cherry Duke, le May Duke, et que le Holman's Duke ne se trouve plus que dans l'ouvrage de Duhamel, imprimé en 1768.

Quant au nom de *Cerise royale*, on le trouve dans un catalogue de la pépinière des Chartreux imprimé en 1767, et ce nom n'était déjà plus nouveau, puisqu'on y ajoutait l'épithète *ancienne*, par opposition à la Cerise anglaise que l'on désignait aussi dans ce même catalogue sous le nom de Cerise royale.

Quoi qu'il en soit, le Cerisier royal d'aujourd'hui est un arbre vigoureux dont les rameaux, gros et courts, s'élèvent presque verticalement dans le premier âge, mais qui bientôt s'étendent presque horizontalement et se soutiennent dans cette direction; ils sont peu nombreux et très flexibles quoique gros; les bourgeons ou pousses de l'année sont remarquablement gros, d'un vert jaunâtre, luisant et cuivré du côté du soleil, tiquetés de gros points roux, ceux des bourgeons qui croissent à l'ombre restent d'un vert obscur.

Les feuilles sont nombreuses, rapprochées, ovales ou oblongues, épaisses, bien étoffées, d'un beau vert en dessus, pâles et un peu velues en dessous, longues de trois à quatre pouces, inégalement dentées et terminées en pointe, portées sur des pétioles longs de quatorze à dix-huit lignes, légèrement velus et lavés de violet du côté du soleil.

Les boutons à fruits sont roux, coniques, et la plupart de leurs écailles extérieures persistent jusqu'à la maturité des fruits; chaque bouton donne naissance à trois, quatre et six fleurs larges de douze ou quinze lignes, blanches tant qu'elles sont fraîches, et qui rougissent beaucoup lorsqu'elles commencent à passer.

Le fruit est gros, arrondi, déprimé à la base et au sommet, pendu à une queue longue de quinze à vingt-quatre lignes, qui se teint de rouge du côté du soleil. Le diamètre transversal de ce fruit est de douze à treize lignes sur une hauteur un peu moindre; l'un de ses côtés est un peu comprimé, et on y remarque un trait d'une couleur plus dense.

La peau est luisante, d'un rouge brun dans le commencement de la maturité, tiquetée et presque noire lorsque le fruit est bien mûr.

La chair suit les progrès de la coloration de la peau; elle est d'abord couleur de souci, ensuite d'un pourpre noir.

L'eau est douce, très agréable; cependant lorsqu'on la déguste bien, on y trouve quelque chose des Griottes, c'est-à-dire une légère amertune.

Le noyau est arrondi, bien gonflé, quelquefois un peu rougeâtre.

Cette belle Cerise mûrit dans la première quinzaine de juillet, sur les arbres en plein vent, mais en espalier on en cueille dès la mi-juin et même plus tôt; sa douceur naturelle fait qu'on la cueille dès qu'elle est rouge, avant même qu'elle ait atteint toute sa grosseur, tandis que, pour la manger excellente, il faudrait attendre qu'elle fût presque noire.

On ne voit guère cette belle Cerise sur les marchés de la capitale lorsqu'elle est à son point parfait de maturité, parce qu'on ne la cultive guère dans les campagnes, et que les habitans de Montreuil et des environs la vendent, ainsi que la Cerise anglaise, avant sa maturité complète. Le cultivateur profite de l'impatience des Parisiens qui aiment mieux payer un mauvais fruit fort cher, que d'attendre quelques jours pour l'avoir bon, et le payer moins cher.

Cerise royale hâtive N.° 2. 128.

Turpin Pinx. De l'Imprimerie de Langlois. Bouquet Sc.

CERISE ROYALE HATIVE N° 2.

Cerasus regalis præcox. Poit. et Turp.

NOUS avons déjà donné un dessin de Royale Hâtive, dans l'une des précédentes livraisons; mais quoique les Cerises qu'il représente soient dans un état de maturité satisfaisant, nous avons cru devoir en donner un autre fait avec des fruits pris sur le même arbre quinze jours plus tard, pour montrer le progrès que fait la coloration à mesure que la maturité avance vers sa fin. Le premier dessin a été fait le 2 juillet; celui-ci a été fait le 18 du même mois, et l'on voit que les fruits de ce dernier sont plus noirs que les autres, et qu'ils doivent être conséquemment plus doux et meilleurs. S'il était possible de ne manger tous les fruits que dans leur parfait état de maturité, on les trouverait tous bien plus agréables; mais ce n'est que la plus petite partie qui se mange ainsi.

Cerise d'Angleterre hâtive.

De l'Imprimerie de Langlois. Bouquet Sc.

CERISE D'ANGLETERRE PRÉCOCE.

Cerasus anglica præcox. Poit. et Turp.

LA Cerise désignée aujourd'hui sous le nom de Cerise Anglaise et de Cerise d'Angleterre, se trouve relatée sous le nom de Cerise nouvelle d'Angleterre dans un catalogue de la pépinière des Chartreux publié en 1767, dénomination qui indiquerait qu'elle était encore nouvelle à cette époque. Duhamel la confond, non sans quelque raison, avec sa Cerise-guigne; mais cet auteur n'a pas raison de croire sa Cerise-guigne variété de la Cerise royale.

La Cerise d'Angleterre est cultivée à Montreuil, en espalier et en plein vent, depuis une quarantaine d'années. On croit en distinguer une variété hâtive, dont on obtient des fruits mûrs en mai. Je ne prétends pas constater l'existence de cette variété; je crois au contraire qu'elle ne doit sa précocité ou son caractère distinctif qu'à la faveur des murs contre lesquels on plante les Cerisiers qui la produisent; mais je dois rapporter ici les faits et les opinions. Il est certain que cette Cerise mûrit la première de toutes, qu'elle précède le Cerisier nain de quelques jours, et la Cerise de Hollande d'une quinzaine, toutes choses étant égales d'ailleurs.

Lorsque les jardiniers de Montreuil commencent à vendre cette Cerise, elle est encore petite, déprimée à la base et au sommet, et n'a alors qu'environ 16 millimètres (7 lignes) de hauteur, et sa peau est encore d'un rouge clair. C'est dans cet état que la montre le dessin ci-joint; elle est encore loin de sa parfaite maturité, mais les jardiniers la vendent alors plus cher que lorsqu'elle est bien mûre, et par conséquent meilleure. Plus tard, celles qui n'ont pas été cueillies grossissent, s'emplissent, et leur rouge clair se rembrunit jusqu'à devenir presque noir. La longueur de la queue varie de 3 à 7 centimètres (15 à 30 lignes).

Les Cerises Anglaises sont les plus douces ou les moins acides de toutes. C'est à leur douceur qu'on les distingue le plus aisément des Cerises naines et des Cerises de Hollande. Les fruitières vendent les unes et les autres à la fin de mai, montées en petits bouquets relevés de feuilles de muguet.

Il est probable que les Cerises Anglaises n'étaient pas connues en France sous Louis XIV, car La Quintinye n'en parle pas dans son ouvrage imprimé en 1790. D'un autre côté, j'ai appris que Louis XV les aimait beaucoup, et qu'il montait ordinairement lui-même sur les Cerisiers pour en manger avec plus de plaisir.

Les Cerisiers Anglais rapportent promptement et beaucoup, mais ne vivent pas longtemps.

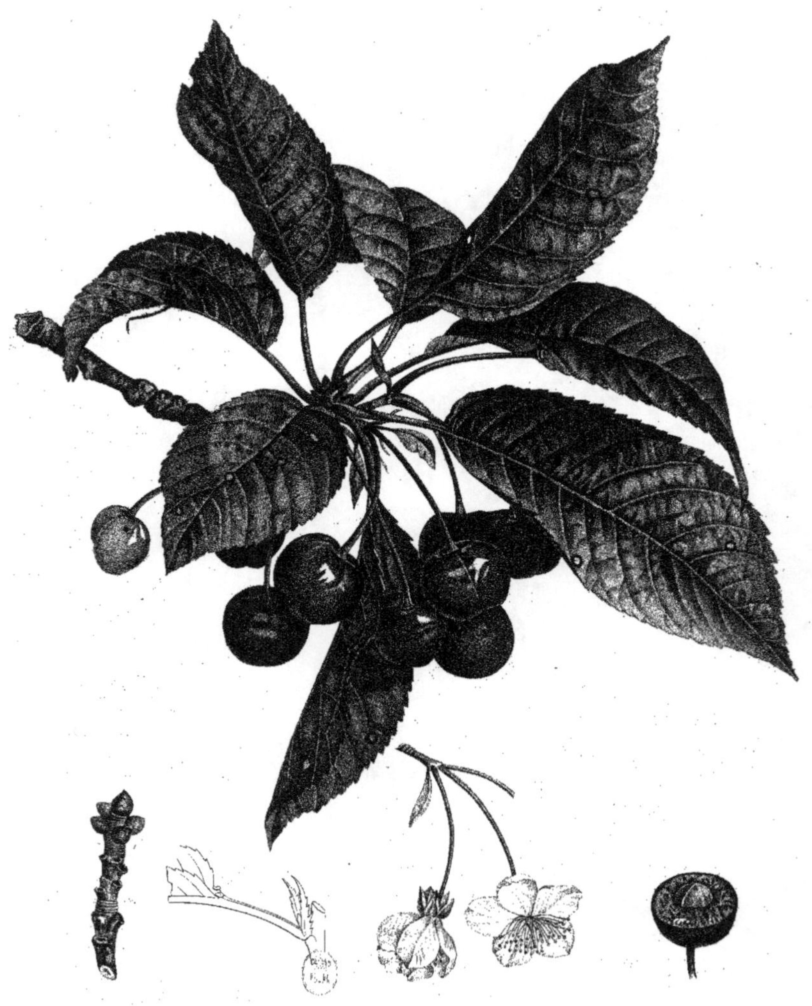

Cerise d'Angleterre. 3.

De l'Imprimerie de Langlois. Bouquet Sc.

CERISE ANGLAISE.

Cerasus sativa multifera. Poit. et Turp.

CE cerisier est d'une taille moyenne, le plus régulier et le mieux fait de tous ceux de son genre. Ses rameaux sont droits, peu divisés, presque verticaux, décrivant un angle de trente-cinq degrés avec la tige.

Les boutons sont d'une médiocre grosseur, d'un vert roussâtre, cendrés à la base, tiquetés dans la partie supérieure.

Les boutons des bourgeons sont gros, ventrus, pointus, dirigés en dehors; ceux à fruit plus court, plus gonflés, sont disposés la plupart de quatre à six à l'extrémité des bourses, que l'on trouve sur du bois d'un, deux et trois ans. Les supports sont médiocrement élevés.

Les feuilles sont généralement de forme ovale renversée, c'est-à-dire que la plus grande largeur se trouve dans la partie supérieure, et ont trois ou quatre pouces de longueur non compris le pétiole qui est long de un ou deux pouces. Ces feuilles sont d'ailleurs d'un vert foncé en dessus, d'un vert pâle en dessous où les nervures sont saillantes et un peu velues. Quand les bourgeons sont très vigoureux, ils ont des stipules lancéolés et dentés en scie.

Les fleurs sont blanches, larges de treize lignes, extrêmement abondantes; les étamines sont plus longues que les pétales, et l'ovaire verdâtre est terminé par un style plus court qu'eux. Il faut observer que le pédoncule particulier de chaque fleur s'allonge de six à dix lignes, ce qui fait que le fruit se trouve souvent porté sur une très longue queue.

Le fruit a onze lignes de haut et neuf de diamètre; l'un des côtés est légèrement aplati par un sillon; le haut et le bas sont légèrement comprimés, et cette compression fait paraître le fruit plus large que haut.

La peau est d'un beau rouge cramoisi qui, dans l'extrême maturité, passe au rouge brun.

La chair est d'un rouge de sang.

Son eau est rouge, douce, agréable, sans aucune acidité.

Le noyau est ovale, légèrement teint, lisse, ayant un peu moins d'épaisseur que de largeur.

Cette cerise mûrit à la fin de juin. C'est une des plus belles et des meilleures espèces. Elle a une saveur très agréable, sans aucune acidité. On est étonné qu'elle ne soit pas plus commune et qu'elle ne chasse pas toutes ces méchantes variétés dégénérées de la Montmorency qui agace les dents et déchirent la gorge; mais toutes les cerises anglaises sont passées au commencement de juillet et les cerises communes durent encore un mois.

Le nom de cerise d'Angleterre ne peut plus maintenant être supprimé des catalogues; cependant il n'y a pas long-temps Duhamel l'appelait encore *Cerise-guigne*, et la croyait variété du Cherry Duke, et Duhamel avait raison.

Belle de Choisy

66.

De l'Imprimerie de Langlois.

Bouquet Sc.

CERISE BELLE DE CHOISY.

Cerasus Gondouini. Poit. et Turp.

CET excellent fruit pourrait bien être la Cerise ambrée de Duhamel; du moins la description qu'il en donne lui va assez bien. On l'appelle aussi Cerise de la Palembre, doucette, mais le nom de Belle de Choisy est le plus généralement adopté, et voici sur quoi il est fondé. M. Gondouin, jardinier des rois Louis XV et Louis XVI, à Choisy, semait soigneusement, disait le professeur A. Thouin, dans ses leçons, toutes les graines des fruits qui se mangeaient sur la table du roi, quand il était à Choisy, et ne greffait les arbres qui en provenaient que quand ils avaient rapporté du fruit. De ces semis est née la Belle de Choisy vers l'an 1760.

Cette excellente Cerise se range naturellement parmi les Cerises dites d'Angleterre, par la douceur de son eau, par son arbre qui est droit, haut, et dont les rameaux, assez effilés, peu divisés, sont les uns presque verticaux et les autres médiocrement ouverts.

Les feuilles sont ovales et obovales, inégales, longues de 8 à 11 centimètres (3 à 4 pouces), terminées en pointe assez aiguë, d'un vert foncé en dessus, pâles et munies de quelques poils en dessous, bordées de petites dents inégales et obtuses: le pétiole est gros, d'un rouge violet plus ou moins foncé.

Un bouton à fruit donne naissance à 4 ou 6 fleurs portées sur des pédoncules grêles, divergens, longs de 6 centimètres (2 pouces), munis chacun d'une bractée à la base, et réunis au sommet d'un support commun assez long; ces fleurs, larges de 27 à 34 millimètres (12 à 15 lignes), d'abord d'un beau blanc, deviennent roses en se fanant, et le disque du calice et les filets passent au violet; les pétales sont ovales, concaves, échancrés au sommet; les étamines petites, étalées; l'ovaire glabre, uniloculaire, contenant deux ovules, et surmonté d'un style de la hauteur des étamines.

Les fruits sont toujours peu nombreux, et pendent au bout d'une longue queue assez menue, ordinairement verte, quelquefois rouge; ils ont de 23 à 25 millim. (10 à 11 lignes) de diamètre sur 18 à 20 millim. (8 à 9 lignes) de hauteur, sont arrondis au sommet, déprimés à la base, et un peu comprimés d'un côté où l'on remarque, non un sillon, mais seulement une ligne plus colorée que le reste de la surface.

La peau est très fine, luisante, transparente, tiquetée de petits points blancs; elle est d'abord d'un jaune ambré, et celles des fruits qui restent dans l'ombre, comme l'indique la figure *a* du dessin ci-joint, ne prend presque pas d'autre couleur; mais elle se lave d'un rouge clair assez vif lorsqu'elle est frappée par les rayons du soleil.

La chair est blanche, ou rougeâtre sous la peau lorsque celle-ci est rouge.

Son eau est abondante et très douce.

Le noyau est petit, ovale-arrondi et lisse; son amande est peu amère.

La maturité de cette Cerise arrive vers la fin de juin. Elle est sans contredit la meilleure de la saison, et se distingue aisément à sa longue queue, au rouge très faible de sa peau, et surtout à la douceur de son eau. On ne la voit jamais sur les marchés de la capitale, parce que son arbre charge peu, et que les cultivateurs la négligent par spéculation; mais les jardiniers de bonnes maisons doivent toujours en planter plusieurs.

OLIVIER CULTIVÉ.

Olea sativa. Poit. et Turp.

GENRE de plantes de la famille des jasminées, comprenant plusieurs arbres exotiques, toujours verts, et plusieurs variétés indigènes, à feuilles opposées, entières, ponctuées, à fleurs terminales et latérales, et ayant pour caractère commun :

1° Un calice très petit à quatre dents ;

2° Une corolle monopétale à tube court, et dont le limbe est divisé en 4 lobes ovales et ouverts.

3° Deux étamines courtes, opposées, insérées au tube de la corolle, et dont les anthères sont grosses, cordiformes et biloculaires;

4° Un ovaire libre, ovale, biloculaire à loges dispermes, surmonté d'un style court que termine un grand stigmate conique et bilobé.

5° Un drupe charnu, ovale ou oblong, contenant un noyau osseux, allongé en navette, biloculaire, ou le plus souvent uniloculaire par avortement.

6° Une graine allongée comme le noyau, composée d'un grand embryon entouré d'un périsperme recouvert d'une mince membrane.

HISTOIRE, USAGE ET CULTURE.

Selon la fable, l'Olivier est un présent de Minerve; il est l'attribut du génie uni à la sagesse et le consolant symbole de la paix. Selon l'histoire des temps héroïques, c'est Aristée qui le premier planta l'Olivier dans Athènes et probablement dans la Grèce ;d'après l'histoire ancienne, il n'était pas connu en Italie sous le règne de Tarquin, et les Romains ne l'auraient connu qu'après avoir fait la conquête de la Grèce; depuis lors il s'est répandu dans tout l'Archipel, en Afrique, en Italie, en Espagne et dans la partie méridionale de l'Europe jusqu'au 44e degré de latitude nord. Plus loin, le froid le fait périr.

Si l'existence de l'Olivier en Europe est impérieusement subordonnée à la température des localités; si l'on ne doit l'abondance de son produit qu'à l'abri des hautes montagnes dans les contrées de la France où sa culture est établie, il est loin d'être aussi délicat sur la nature du terrain. Tous les sols en général, excepté les marécageux, conviennent à l'Olivier; il végète avec plus de vigueur et atteint une plus grande élévation dans les terrains substantieux, mais ses fruits ont moins de saveur et de finesse. Dans les terrains maigres, caillouteux ou marneux, ses développemens sont moindres, ses fruits plus rares et plus petits, mais ils sont plus délicats; l'huile qu'ils produisent est aussi plus douce et d'une conservation plus assurée. La qualité se trouve rarement avec l'abondance.

Il y a une soixantaine d'années, les plus beaux Oliviers de la Provence existaient dans la partie que traverse la route d'Arles à Aix. Un grand canal d'irrigation, connu sous le nom de *canal Boisgelin,* ayant été exécuté, on en profita pour arroser les Oliviers. Cette tentative eut des succès étonnans; dans le seul territoire d'Istres, les récoltes quintuplèrent. En 1787, où les Oliviers avaient été presque tous arrosés, le produit en huile excéda de 300,000 francs celui d'une année commune, quoique l'huile fût d'une qualité inférieure à celle des années qui avaient précédé l'irrigation.

De tels succès ne furent pas de longue durée. Le terrible hiver de 1789 survint; il ne resta pas un seul Olivier de tous ceux qui avaient été arrosés; ils périrent tous jusque dans leurs racines. Les Oliviers de la Provence ne sont plus arrosés depuis cette fatale époque.

L'Olivier vit très long-temps, sinon par son tronc et par ses branches, du moins par sa souche, et produit de fortes racines qui se conservent en terre pendant des siècles. Le funeste hiver de 1709 donna occasion de remarquer cette particularité. Plusieurs propriétaires vendirent alors de ces racines *pour plus que valait leur fonds.*

Il n'est point d'arbre en Europe qui se multiplie plus facilement que l'Olivier. On le propage par la voie des rejetons, par boutures, par racines, par la suppression de la tige et par la greffe. On peut aussi le multiplier de graines, mais ce moyen, qui produit des individus plus forts, ne produit pas toujours de bons fruits. On préfère greffer tous les individus provenant de semis.

La meilleure manière de récolter les olives serait de les cueillir à la main; mais on se contente souvent de les abattre avec des perches et de les recevoir sur des toiles tendues sous les arbres. Cette méthode, plus expéditive, ne doit s'employer que pour les olives dont on veut faire de l'huile, encore ne faut-il pas tarder de les porter au pressoir, parce qu'étant pour la plupart meurtries, la qualité de l'huile s'en ressentirait infailliblement.

Le revenu le plus sûr que l'on puisse se promettre de l'Olivier, est sans contredit celui de l'huile qu'on retire de ses fruits, soit pour la préparation des comestibles ou des médicamens, soit pour brûler ou pour la fabrication du savon, ou enfin pour servir dans quelques arts utiles. Celle qu'on destine pour la table ou les médicamens est au rang des huiles fines; mais tous les Oliviers et tous les terrains ne produisent pas d'huile fine; puis les soins et la promptitude apportés dans la fabrication contribuent puissamment à la qualité de l'huile. L'*huile vierge* est exprimée sans l'intermédiaire de l'eau bouillante; celle qu'on retire par ce dernier moyen est d'une moindre valeur, et d'autant plus inférieure à la première, que le *détritus* des olives a été plus arrosé d'eau bouillante, et qu'il a été plus de fois soumis à l'action de la presse.

Olive Picholine.

24

De l'Imprimerie de Langlois.

Bouquet Sculp.

OLIVE PICHOLINE.

Olea Picholina. D. E. Poit. et Turp.

L'OLIVIER étant cultivé depuis les siècles les plus reculés, a produit plusieurs variétés qui diffèrent entre elles par la grandeur et le port des arbres, le ton de leurs feuilles, et surtout par leurs fruits qui varient en grosseur, en forme, en couleur et en qualité. On compte au moins vingt-cinq variétés dans les cultures de la Provence, les unes estimées pour l'abondance de leur produit, les autres pour la finesse de leur huile. La seule variété qu'on ait cru devoir figurer ici est la Picholine, estimée pour confire, et dont l'huile est fine et douce. Elle est décrite par Gouan sous le nom d'*Olea oblonga*. Etant mûre, sa couleur est violette.

Tous les Oliviers ayant à-peu-près les mêmes feuilles et la même inflorescence, celui représenté ici donne une idée générale de tous les autres. Les olives n'acquièrent leur parfaite maturité que depuis la mi-octobre jusqu'en décembre, et peuvent rester sur l'arbre jusqu'au mois d'avril.

EXPLICATION DE LA PLANCHE.

1° Portion de grappe, montrant la grandeur naturelle des fleurs.

2° Une fleur isolée très grossie.

3° Corolle de la même vue en dessous.

4° Calice contenant le pistil.

5° Pistil isolé.

6° Pistil coupé longitudinalement pour montrer ses deux loges.

7° Trois coupes horizontales d'ovaire montrant qu'il y a tantôt, un tantôt deux ovules dans chaque loge.

8° Coupe longitudinale d'un fruit renversé montrant au centre le noyau et à la circonférence l'épaisseur de la chair.

9° Coupe circulaire d'un noyau montrant la partie supérieure de la tunique qui recouvre l'embryon.

10° Coupe longitudinale un peu grossie montrant l'embryon entouré d'un périsperme.

Le bois de l'Olivier est très bon à brûler; sa dureté est inégale, mais il est bien veiné. Les ébénistes, les tabletiers le recherchent pour l'employer en placage; les tourneurs faisaient autrefois des boîtes avec les racines de cet arbre, dans lesquelles on mettait du tabac d'Espagne; on les appelait *olihuella;* elles étaient fort légères et offraient de jolis hasards.

L'Olivier et ses fruits sont attaqués par beaucoup d'insectes. La larve du hanneton commun mange ses racines; une espèce de scarabée se nourrit de son aubier, se fixe sur ses branches et les fait quelquefois périr; une sorte de kermès qui se multiplie prodigieusement s'attache aux feuilles, aux tendres rameaux de cet arbre qu'il amaigrit et qu'il épuise; une espèce de psille suce les nouvelles productions des branches, et enduit les pédoncules des fleurs d'une matière visqueuse qui nuit à leur développement; une chenille mineuse détruit le centre des bourgeons, donne lieu à des excroissances funestes à la végétation; l'intérieur de l'olive est dévoré par la larve d'une mouche. Tous ces ennemis sont connus, mais il n'en est pas de même, à beaucoup près, des moyens de les détruire : tous ceux proposés et employés n'ont pas eu le succès qu'on en attendait, ou ne sont que des palliatifs.

GENRE CITRONNIER.

Citrus. Lin.

LE genre Citronnier désigne toute une famille très naturelle qui comprend de grands et petits arbres que les classificateurs divisent en huit sections au moyen de certains caractères. Cette famille, plus généralement connue sous le nom d'*Orangers* que sous celui de Citronniers, est la plus célèbre de toutes celles qui composent le règne végétal. Elle est vêtue d'un feuillage persistant du plus beau vert, ornée de fleurs gracieuses les plus suaves, enrichie de fruits dorés dont le parfum, la fraîcheur, et les qualités bienfaisantes ne le cèdent à aucune autre production de l'empire de Flore.

Des arbres qui flattent aussi délicieusement la vue, le goût et l'odorat, n'ont pu manquer d'être observés, recherchés, cultivés et multipliés dès que les hommes ont su apprécier les bienfaits et les beautés de la nature. Leur célébrité remonte bien au-delà des temps historiques, et c'est dans les siècles héroïques et fabuleux qu'il faut remonter pour en saisir les premières notions. En effet, c'est dans l'un des douze travaux d'Hercule que se trouve l'enlèvement des *Pommes d'or* du jardin des Hespérides, et ces Pommes d'or étaient des oranges. Je sais bien que ce ne sont pas des oranges que l'Hercule du jardin des Tuileries tient dans sa main, mais le sculpteur s'est trompé, au dire des botanistes, puisque les orangers forment aujourd'hui chez eux la famille des *Hespéridées.*

Ne pouvant disserter ici sur le jardin des Hespérides, filles d'Atlas, ni sur le lieu où était ce jardin, ni sur le dragon qui en gardait l'entrée, je renvoie pour toutes ces merveilles et plusieurs autres à l'*histoire naturelle des Orangers* (1), et vais dire quelques mots de l'état actuel de ces arbres.

Les voyageurs constatent que diverses sortes d'orangers croissent naturellement dans diverses régions de l'Asie, et que la plupart d'elles sont actuellement cultivées chez tous les peuples civilisés. Ce fut en 1421 que le premier oranger a paru en France, et il existe encore à l'orangerie de Versailles sous les noms de François Ier, Grand-Connétable, Grand Bourbon.

Avant que le goût des jardins anglais et de la culture des plantes étrangères eussent fait des

(1) *Histoire naturelle des Orangers,* par Risso et Poiteau. 1 vol. in-folio, avec 110 planches imprimées en couleur. 1818. —Se trouve chez Audot, libraire, rue du Paon, n. 8.

progrès sur le continent, l'oranger était la plante à la mode en France, les orangeries étaient nombreuses tant sous le rapport de l'agrément que sous celui de la spéculation; mais vers le milieu du dix-huitième siècle, on a délaissé les orangers pour les jardins anglais et les plantes variées des diverses parties du monde. On a commencé à bâtir des serres-chaudes et tempérées pour recevoir des collections de plantes exotiques, et les orangeries ont été négligées. Notre première révolution en a ruiné un grand nombre, et les nouveaux riches, ayant de nouveaux goûts, n'ont pas cherché à les relever.

Mais si le goût des grandes orangeries paraît être abandonné pour long-temps, si on n'en voit plus pour ainsi dire que dans les châteaux royaux ou de l'état, le commerce des petits orangers a cependant repris une certaine activité en même temps que l'ordre s'est rétabli en France, et le débit des petits orangers dans la moyenne et la petite fortune est assez considérable pour faire vivre honorablement un grand nombre de cultivateurs. Cette grande consommation de petits orangers, vient de ce qu'il faut être cultivateur pour pouvoir les conserver en santé, et qu'une fois passés dans les mains des bourgeois, ils dépérissent promptement et il faut les remplacer.

Les orangers ne peuvent supporter que quatre ou cinq degrés de congélation sans souffrir; aussi n'en voit-on en pleine terre en France, que sur un petit coin de notre littoral méditerranéen; partout ailleurs on les cultive en vase pour pouvoir les rentrer aux approches de l'hiver et les remettre dehors au mois de mai suivant. Autrefois la culture de l'oranger était lucrative, sa fleur se vendait à Paris cinq et six francs la livre, mais aujourd'hui les distillateurs tirent une grande partie de celle qu'ils emploient d'Espagne et d'Italie, et les orangistes de Paris ne peuvent plus vendre la leur que deux francs la livre, terme moyen. Le prix des oranges a aussi beaucoup baissé depuis l'empire, et les cultivateurs des îles d'Hyères, de Nice et de Gênes disent que la culture des orangers n'offre plus de bénéfice. Dans les pays chauds, on voit des orangers qui atteignent quarante et cinquante pieds de hauteur, et qui vivent sept ou huit siècles; en Italie même, on cite quelques-uns de ces arbres qui rapportent jusqu'à huit mille oranges chaque année. Une orange ne mûrit que dans la seconde année, et elle peut rester jusqu'à la troisième sur l'arbre, du moins en Italie.

Toutes les parties de l'oranger étant utiles, je vais les énumérer en peu de mots.

Le bois est compacte, très dur, jaunâtre, veiné, d'un grain fin susceptible de recevoir un beau poli, d'une odeur agréable. Il est propre à l'ébénisterie et à la marqueterie. Les Romains en faisaient si grand cas et le payaient un si haut prix, que Martial dit qu'une table d'or coûtait moins cher qu'une table d'oranger.

Les feuilles froissées entre les doigts répandent une odeur très agréable. La médecine en fait un fréquent usage. Les Mèdes et les Romains se servaient de feuilles d'orangers pour conserver et parfumer leurs habits.

Les fleurs. Un auteur a dit : « *il fior d'Arancio d'ogni fiore è il Ré* ». En effet, les fleurs de l'oranger sont non-seulement inappréciables par la suavité de leur arôme, mais encore par l'efficacité de leurs propriétés cordiales, céphaliques, etc. Le pharmacien, le distillateur, le confiseur, les préparent de mille manières, et elles sont l'objet d'un commerce considérable.

Les fruits de la famille des orangers se distinguent : 1° en *Oranges* proprement dites, 2° en *Bigarades*, 3° en *Citrons* ou *Limons*, 4° en *Limes*, 5° en *Limettes*, 6° en *Lumies*, 7° en *Pompoléons*, 8° en *Cédrats ;* et chaque sorte a des qualités et des propriétés qui lui sont particulières et toutes bienfaisantes.

La culture des orangers dans les pays chauds n'offre aucune difficulté : à Paris elle exige quelques soins pour leur éducation et leur conservation. Les collecteurs cultivent ou connaissent plus de cent espèces ou variétés d'orangers, et un certain nombre d'entre elles demandent plus de soin que les autres ; toutes ne se multiplient que par la greffe et plus rarement par bouture. La greffe en écusson réussit parfaitement, mais celle en fente de côté dite *à la Pontoise* est la plus employée, parce qu'elle donne une jouissance plus prompte. Lors donc qu'on veut élever des orangers, on sème au printemps une certaine quantité de pepins de citrons ou de bigarades dans des pots en terre normale, et on place ces pots sur une couche chaude sous châssis ; la graine lève en dix ou quinze jours, et si le plant est bien soigné il aura de quinze à vingt pouces de hauteur à l'automne. Au printemps suivant on le sépare, et une partie pourra être greffée dans le courant de l'année, tandis que l'autre ne le sera que deux ou trois ans après pour en obtenir des arbres plus forts. Tant que les orangers sont petits, il vaut mieux leur faire passer l'hiver dans un châssis que dans une orangerie, pourvu qu'on les préserve de la gelée en les couvrant à propos ; à mesure qu'ils grandissent on leur donne de plus grands vases, de la terre nouvelle, et on leur forme la tête par des pincemens et une taille légère.

Il est bon de noter que les orangistes greffent plus d'orangers sur citronnier que sur bigaradier, parce que le citronnier pousse plus vite et grandit davantage dans sa jeunesse ; mais le bigaradier le dépasse à son tour quelques années après, et pour toujours ; il fait un arbre plus solide, plus fort, et, comme sujet, mérite la préférence sur le citronnier, qui, d'ailleurs, est sujet à une maladie mortelle à l'âge de cinq à dix ans.

L'éducation des orangers et la conduite d'une orangerie forment une branche spéciale du jardinage, trop étendue pour que j'entreprenne d'en donner ici même un simple extrait. Beaucoup d'auteurs se sont occupés de cette matière. La Quintinye l'a traitée en maître dans ses *Instructions pour les jardins;* c'est même la seule partie de ses deux volumes qui soit toujours bonne. M. Risso et moi, dans l'ouvrage cité plus haut, avons relaté les perfectionnemens survenus depuis La Quintinye, et je pense que ces deux ouvrages contiennent tout ce qu'il est utile et curieux de savoir sur les orangers.

CITRONNIER COMMUN.

Citrus communis, Poit. et Turp.

UISQUE l'on dit limonade et limonadier, on devrait appeler *Limon* le fruit dont on fait la limonade, et Limonnier l'arbre qui produit les Limons. Il est probable que le mot citron était bien enraciné chez nous quand un certain Italien est venu établir à Paris la première maison de limonadier, et qu'en adoptant son mot italien *limonea*, on aura voulu, par amour national, bien entendu, conserver le nom de citron au fruit qui fournissait la limonade. Citronnier et Limonnier sont donc synonymes, mais le second vaut mieux que le premier ; il en est de même de Citron et Limon.

Le limonnier, je veux dire le citronnier, est assez cultivé à Paris, et plusieurs orangistes en cultivent de diverses sortes qui donnent de beaux et bons fruits avec abondance, relativement à la grandeur des arbres. Le citronnier diffère beaucoup de l'oranger par son port ; il est presque toujours épineux ; ses rameaux sont longs, divergens, peu divisés, et le pétiole de leurs feuilles n'a pas d'ailes sur les côtés. Les fleurs sont plus ou moins rouges en dehors, et leur odeur est très faible. Les étamines au nombre d'une vingtaine et réunies en plusieurs faisceaux, placent le genre citronnier dans la *polyadelphie* du système sexuel.

Quant au fruit, tout le monde connaît le citron, sa couleur, sa forme la plus générale et l'acide agréable de son jus. Les citrons les plus estimés sont ceux qui ont l'écorce la plus mince. Ils sont divisés intérieurement en huit ou dix loges remplies de vésicules pleines de jus, et d'un certain nombre de pepins attachés à l'angle central de chaque loge. La figure ci-jointe représenté une coupe de fruit qui montre la position des pepins ou graines. Mais les graines d'orangers, en général, ayant une complication qu'on retrouve rarement ailleurs, on a cru devoir en dessiner une ici dans tous ses détails et en donner l'explication.

1. Petit bouquet de fleurs.
2. Disposition des étamines.
3. Pistile.
4. Graine.
5. La même dont on a rabattu la tunique extérieure pour faire voir le filet ombilical et la chalaze de la tunique intérieure.
6. La même dont la tunique intérieure est déchirée pour laisser voir l'amande.
7. Une amande toute nue à quatre cotylédons.
8. La même dont les cotylédons sont un peu écartés.

71

Citronier commun.

274.

...u pinx.t De l'Imprimerie de Langlois. Gabriel sculp.t

G. 1.

Balotin?

349.

Poiteau pinx.t De l'Imprimerie de Langlois. Giraud sculp.t

BALOTIN, POMME D'ADAM.

Citrus Balotina. Poit. et Turp.

LES auteurs de l'histoire naturelle des orangers n'avaient pas reconnu cette espèce dans l'*Espérides* de Ferrari. C'est pourtant bien elle que cet auteur a décrite et figurée sous le nom de *pomum Adami :* il n'y a aucun doute à cet égard. Ce nom lui a été donné parce que le fruit porte à son sommet comme l'empreinte d'une morsure. Dans les orangeries de Paris, on ne le connaît que sous le nom de Balotin, et on donne le nom de pomme d'Adam à un oranger qui fait toujours un bourrelet considérable à l'endroit où la greffe s'unit avec le sujet, et dont le fruit, après être pelé, peut se manger comme une pomme.

Le Balotin est un limonier qui tient du cédratier par l'épaisseur de la chair de son fruit et par les qualités de son jus. L'arbre est vigoureux, d'un beau port, à rameaux raides, assez verticaux, peu divisés, muni d'épines axillaires longues de 9 à 18 millimètres, jaunâtres à l'extrémité et dirigées obliquement.

Les feuilles sont ovales-oblongues, d'un vert jaunâtre, obtuses, raides, très pâles en dessous, denticulées, longues de 80 à 108 millimètres, attachées par articulations à un pétiole très court, à peine membraneux sur les côtés.

Les fleurs sont grandes, belles, rouges en dehors, disposées en bouquet au sommet des rameaux et dans les aisselles des feuilles supérieures : elles sont plus rouges en bouton que lorsqu'elles sont épanouies.

Le fruit est gros, arrondi et même un peu enfoncé du côté de la queue, muni au sommet d'un large mamelon irrégulier qui se détache, au moins par un côté, au moyen d'un sillon que l'on compare à une morsure. De là est venu l'idée que notre premier père avait mordu ce fruit; de là le nom de pomme d'Adam que Ferrari a trouvé établi en Italie il y a tout-à-l'heure deux cents ans (1646), et qu'il a consacré dans un savant et poétique ouvrage appelé *Espérides.*

Sa peau est épaisse, assez chagrinée, mal unie, quelquefois bosselée, d'un jaune plus foncé que celui du citron et moins que celui de l'orange.

L'intérieur du fruit est divisé en douze grandes loges remplies de pulpe vésiculeuse un peu jaunâtre, gonflée d'une eau acidulée très propre à faire de la limonade.

Il y a un Balotin très fort et très beau au jardin du roi à Paris. Il fleurit en juin et mûrit son fruit dix-huit mois après. On en voit aussi plusieurs forts pieds à l'orangerie de Versailles.

On ne fait aucun usage des fleurs de ces arbres; mais leurs fruits contiennent un jus qui a beaucoup de rapports avec celui des Limons, et qui peut le remplacer partout où l'on fait usage de ces derniers.

Pompelmouse ordinaire. 344.

De l'Imprimerie de Langlois. Chazal sculp.t

POMPELMOUSE ORDINAIRE.

Citrus decumana. Poit. et Turp.

E commence par avouer que je ne connais pas l'étymologie du mot Pompelmouse; c'est un nom très usité dans la pratique des orangistes, et que le Berriays a consacré dans son livre, ainsi que celui *Pompeléon* et *Chadec*, également usuels dans la pratique pour désigner une sorte particulière d'Oranger, aisée à reconnaître à la grosseur de ses fruits. Cette espèce, quoi qu'en puissent dire les botanistes, doit être considérée comme chef de race dans la famille des Orangers, et cette race s'est multipliée dans l'Inde, en Amérique et dans nos orangeries au point qu'il serait possible d'en énumérer aujourd'hui une douzaine de variétés. Dans l'Inde et en Amérique, il y en a à chair rouge très bons à manger. Le chevalier de Tussac, auteur de la flore des Antilles, rapporte qu'il y a à la Jamaïque un Pompelmouse, que les Anglais appellent petit-shaddock, et dont le goût est si exquis, qu'ils lui ont donné aussi le nom de fruit défendu (*forbidden fruit*) prétendant que le créateur n'avait pu mettre rien de plus séduisant dans le paradis terrestre. On reconnaît trois variétés de Pompelmouse dans les orangeries de Paris, qui ont pour caractère commun de grosses fleurs blanches à 4 pétales, de grandes feuilles dont le pétiole est largement ailé; ensuite, l'une se distingue par ses pousses glabres, l'autre par ses pousses pubescentes, et la troisième par ses feuilles crépues. Aucune de ces variétés n'a la tête aussi régulière que les autres Orangers; leurs rameaux sont plus gros, et on les reconnaît très aisément. Enfin il est bon de noter ici que les botanistes connaissaient le Pompoléon ou Pompelmouse, sous le nom de *Citrus decumana* long-temps avant son introduction en Europe; que ce fut un capitaine anglais nomme Chadock ou Shaddoc qui le premier l'a apporté de l'Inde, et que les horticulteurs d'alors ne connaissant pas le nom des botanistes, ont donné à cet arbre celui du capitaine qui l'avait apporté. En France on a transformé Chadock en Chadec.

Le Pompelmouse figuré ici est le plus commun dans les orangeries de Paris; il a les rameaux gros, peu divisées, flexibles, anguleux et d'un beau vert. Ses feuilles ordinairement plus grandes que dans le dessin ci-joint, sont toujours d'un vert pâle, épaisses, obtuses ou aiguës, avec des ailes à leurs pétioles ordinairement plus larges que dans aucun autre Oranger, excepté l'Oranger histrix.

Les fleurs sont rapprochées en bouquet au bout des rameaux; elles sont grosses comme le doigt, blanches en dedans, un peu verdâtres, en dehors, ponctuées, larges de 54 à 80 millimètres (plus de 2 pouces), d'une odeur suave mais différente de celle des autres Orangers. Elles n'ont jamais que quatre pétales, et leur stigmate est toujours à quatre lobes.

Le fruit est très gros (ainsi que l'exprime le *decumanum* des botanistes), arrondi ou un peu allongé du côté de la queue, à surface uni, finement chagrinée par de nombreuses vésicules d'arome; sa couleur est d'un jaune verdâtre, plus pâle que celle des citrons. La peau est très épaisse, blanche ou légèrement lavée de rose, sèche et sans saveur. L'intérieur du fruit est divisé en seize petites loges (quand il n'y a pas d'avortement) remplies de pulpe vésiculeuse, verdâtre, assez sèche et un peu acidulée. Toutes les graines avortent ordinairement.

Ce fruit est environ 18 mois à mûrir. On ne le cultive à Paris que pour sa beauté. L'arbre n'a pas ordinairement d'épines; cependant un fort pied ayant eu toutes ses branches coupées au Jardin-du-roi, il a repoussé un gourmand muni d'épines longues de 27 millimètres (1 pouce).

La Bizarerie.

378.

Poiteau pinx.t De l'Imprimerie de Langlois. Bocourt sculp.t

I

ORANGER BIZARRERIE.

Citrus bigena. Poit. et Turp.

VOICI le végétal le plus singulier et le plus extraordinaire de tous ceux sur lesquels la science du botaniste s'est exercée; non, je me trompe: les botanistes ne se sont jamais occupés de la *Bizarrerie;* c'est un *monstre* qui sort des lois étroites dans lesquelles ils se sont claquemurés, et qui ne mérite pas l'attention du plus petit *botanicoïde.* Eh bien, soit: mais les philosophes, les physiologistes ne peuvent pas dire que la Bizarrerie n'est pas de leur compétence, et cependant ils n'ont rien écrit *ad hoc* pour expliquer comment il se fait que deux natures différentes peuvent exister dans un seul et même individu. Bien plus, l'une de ces deux natures disparaît pendant quelque temps, puis reparaît pour disparaître encore. On conçoit bien d'après cela pourquoi le nom de Bizarrerie a été imposé à l'oranger qui se joue ainsi de la science des hommes.

J'ai dit qu'il n'avait encore été écrit rien de sérieux pour expliquer ce phénomène, mais en attendant que quelqu'un lève le voile qui le couvre, chacun en raisonne selon sa portée: les uns, et c'est le plus grand nombre, disent « c'est un jeu de la nature ». Alexandre ne dénouait pas mieux le nœud Gordien; les autres, se plaçant au sommet de la science et s'aidant de tous les systèmes établis, disent, écoutez bien, cher lecteur: « La plus petite partie d'un végétal peut reproduire le même végétal; une parcelle de pollen d'un végétal tombant sur le stigmate d'un autre végétal, peut s'y développer, y croître sans changer de nature, et vivre en bonne intelligence avec les productions de la plante qui l'a reçue dans son sein, lui donne l'hospitalité et lui sert de territoire ». Voilà en peu de mots où en sont les plus forts génies en botanique. Reste à prouver maintenant que les choses se passent ainsi. Le microscope, qui journellement nous découvre, nous explique ce qui était mystère pour le vulgaire, reste impuissant pour expliquer celui-ci; et je crois que nous serons encore long-temps sans savoir comment la Bizarrerie a pu se former.

Mais si la nature nous cache encore les moyens qu'elle a employés pour former la Bizarrerie, elle a permis que le résultat en fût connu, dès 1644. A cette époque un jardinier de Florence avait greffé plusieurs orangers de semence; la greffe de l'un de ces arbres mourut sans que le jardinier s'en aperçût; le sauvageon repoussa du pied, et les pousses étaient la Bizarrerie. Le jardinier fit mystère de cette origine, et tout le monde crut qu'elle était due à un mélange de deux scions différens que ce jardinier avait su greffer ensemble, jusqu'à ce que Pierre Nota, médecin de Florence, parvint à obtenir du jardinier l'aveu de la vraie origine de cet arbre, et en publia l'histoire.

Des Bizarreries furent présentées à l'Académie des sciences de Paris en 1711 et en 1712. Alors on les appelait hermaphrodites, dénomination impropre, puisque tous les orangers sont hermaphrodites. Aujourd'hui même, les fleuristes de Paris vendent encore la Bizarrerie et la Bigarade violette sous le nom d'hermaphrodite. Ferrari la décrit sous le nom d'*Aurantium callosum*.

La Bizarrerie est un oranger qui porte à-la-fois des Bigarades, des Limons, des Cédrats de Florence et des fruits mélangés. Elle était à peine connue à Paris en 1810. L'arbre a le port du bigaradier; mais une partie de ses feuilles sont tourmentées, étroites, et l'on remarque que ces feuilles tourmentées appartiennent aux rameaux qui doivent produire des fleurs rougeâtres, des Limons ou des fruits mélanges de Bigarade et de Cédrat, tandis que les feuilles bien conformées appartiennent à des rameaux qui ne produisent que des fleurs blanches auxquelles succèdent des Bigarades ou des Oranges douces.

Le fruit est encore plus capricieux que l'arbre: on en voit qui présentent une bigarade en forme de limon, d'autres mêlés d'orange et de limon; d'autres qui ont l'écorce d'orange et la chair de cédrat; d'autres sont tantôt ronds, tantôt mamelonnés au sommet. Cet arbre porte aussi des cédrats de plusieurs formes, dont quelques-uns participent de l'orange; on voit enfin des fruits dont la disposition extérieure et intérieure présente quatre portions à-peu-près égales en croix, dont deux de cédrat et deux d'orange, et à côté de ceux-ci d'autres fruits sans le moindre mélange.

Ce curieux végétal a des dispositions à s'emporter et à redevenir simple; mais par la taille on en favorise les parties faibles en supprimant les plus fortes; sans ce soin, il pourrait arriver que celui qui aurait acheté une Bizarrerie, n'aurait plus après quelques années qu'un Limonier ou un Bigaradier.

579.

Poiteau pinx.t — *Bigarrade violette.* — Bocourt sculp.t

ORANGER BIGARADE VIOLETTE.

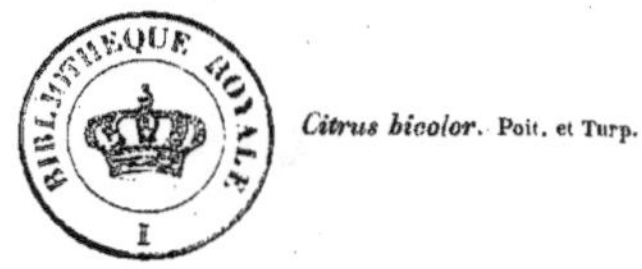

Citrus bicolor. Poit. et Turp.

AUCUNE famille de végétaux ne présente des anomalies aussi inexplicables, que celles que nous offre celle des Orangers. J'exposerai ces anomalies quand je décrirai l'orange appelée *Bizarrerie*. Aujourd'hui je me borne à attirer l'attention sur la singularité de la Bigarade violette.

L'origine de cet Oranger, que l'on doit placer parmi les Bigaradiers à cause de l'acidité de son fruit, est tout-à-fait inconnue. En 1810 elle était entièrement ignorée en Italie, quoiqu'il en existât un fort pied au Jardin du Roi à Paris. Les jardiniers fleuristes de la capitale le multiplient et le vendent sous le nom d'*Hermaphrodites,* nom fort impropre sans doute, puisque tous les Orangers sont hermaphrodites; mais il faut croire que les jardiniers attachent au mot hermaphrodite un autre sens que celui qui lui est naturel.

Le Bigaradier violet a exactement le port et la grandeur des Bigaradiers; seulement son feuillage est d'un vert plus foncé, tous ses pétioles sont ailés, mais au mois de juin, on est étonné de lui voir faire des pousses et des feuilles rouges d'une part, et des pousses et des feuilles vertes de l'autre part; puis des fleurs rouges sur les pousses rouges, et des fleurs blanches sur les pousses vertes, et tout cela entremêlés de manière à former le bouquet le plus agréable, et sans que l'on ait pu prévoir où sortiraient les pousses rouges ou les pousses vertes. Les fleurs ne sont ni très grandes ni très odorantes.

L'ovaire des fleurs rouges est verte comme les autres, et après la chute des pétales il se colore en violet foncé, grossit et devient un petit fruit chagriné, légèrement strié longitudinalement, et ayant un petit mamelon au sommet. Sa couleur violette n'étant pas originelle, le fond de sa peau reste quelquefois verdâtre en quelques endroits, et même, le fruit devient tout jaune à la maturité, quand il ne tombe pas avant cette époque.

Aux fleurs blanches succèdent des fruits jaunes, très chagrinés, petits comme les violets, et sur lequels je n'ai pas remarqué les stries longitudinales, très apparentes sur les premiers; leur peau est épaisse; leur intérieur divisé en huit loges, leur eau acide peu abondante. Je n'ai jamais vu de graines dans ce fruit.

Le climat de Paris n'étant pas celui des Orangers, il est probable que le fruit que je viens de décrire n'était pas dans toute sa perfection. Cette question pourtant pourrait être décidée aujourd'hui, car dès 1810, M. Galesia en a acheté un pied à Paris qu'il a transporté à Savonne en Ligurie, où il doit être fort grand à présent, et sans doute multiplié dans toute l'Italie. Plus tard, M. Risso l'a aussi introduit à Nice. Quant aux jardiniers de Paris, ils le cultivent toujours sous le nom d'hermaphodite, et il tient toujours un rang distingué dans leurs collections.

Bigarrade Cornue. 45.

De l'Imprimerie de Langlois. Bouquet Sc.

ORANGE BIGARRADE CORNUE.

Aurantium corniculatum. Poit. et Turp.

LE Bigarradier à fruit cornu se distingue difficilement de celui à fruit couronné, quand on fait abstraction de leurs fruits; ils ont la même élégance dans le port, dans le feuillage; ils ont les fleurs aussi belles, aussi volumineuses, aussi suaves, et elles sont également recherchées dans les offices.

Duhamel dit que les Bigarrades cornues ont autant d'excroissances ou de cornes qu'il y avait de pétales surnuméraires dans la fleur. Cette concordance peut arriver; mais elle n'est pas une nécessité, car le fruit et les pétales n'ont pas de relation assez intime dans leur organisation, pour qu'un surcroît numérique dans les uns puisse influer sur l'autre.

Non-seulement toutes les Bigarrades cornues ne le sont pas de la même manière, mais encore aucun arbre ne produit toutes les siennes cornues; il s'en trouve toujours un certain nombre qui ne sont que bosselées, irrégulières, marquées de côtes élevées, de sillons plus ou moins profonds, d'excroissances dont le nombre et la forme varient à l'infini. Ces excroissances, quand même elles représentent des cornes, ne sont que la peau dilatée, et ne contiennent jamais ni loges ni graines; mais elles sont cause que les loges du centre deviennent quelquefois difformes, inégales, comme le représente le dessin ci-joint.

Depuis que le célèbre de Jussieu a fait connaître que les graines de certaines oranges contenaient plusieurs embryons sous une enveloppe commune, on a examiné les graines d'orange de plus près. Gœrtner a compté jusqu'à vingt embryons libres dans une graine de Pompoleum; puis il dit, en parlant des graines d'oranger en général, que l'embryon est souvent divisé en trois, cinq ou six lobes cotylédonaires. Je n'ai jamais pu vérifier cette dernière assertion.

Quant à la graine de la Bigarrade cornue, elle m'a souvent montré cinq embryons complets à deux cotylédons inégaux, entiers, emboîtés les uns dans les autres, et de manière que celui du centre était très petit. Quoique cette particularité dans les graines d'oranger ne se rattache à rien dans l'état de nos connaissances, j'ai pourtant cru qu'il était bon de la figurer. Peut-être qu'un jour on l'expliquera, quand on expliquera aussi comment il se fait que, dans l'espèce d'oranger appelé *Bizarrerie*, née en 1644, il se développe tantôt une Bigarrade, tantôt un Limon, souvent un fruit moitié l'un moitié l'autre, etc.; quand on expliquera encore comment il se fait que dans le *Cytisus Adami*, né sous nos yeux vers 1824, il naisse tantôt une branche avec des feuilles et des fleurs de Cytise des Alpes, tantôt une branche avec des feuilles et des fleurs de Cytise pourpre; peut-être, dis-je, on expliquera la pluralité d'embryons sous une seule et même tunique.

EXPLICATION DES FIGURES.

La coupe horizontale du fruit, qui est sans n°, montre que les cornes du fruit ont dérangé la régularité qui existe ordinairement dans les loges d'une orange.

Les figures 6, 7, 8, 9 et 10 montrent les cinq embryons qui se trouvaient dans une graine de la Bigarrade cornue; on voit que le plus central, n° 10, est le plus petit ou le moins parfait.

La figure 2 représente une graine entière qui a souffert quelque pression dans sa jeunesse; elle est recouverte de deux membranes, dont l'externe a son ombilic *a* un peu déchiré.

Dans la figure 3, on a enlevé cette membrane externe pour montrer celle qui est interne et son cordon ombilical.

La figure 4 est la membrane interne recouvrant les cinq embryons; son cordon ombilical est très long, parce que, dans les orangers, la radicule de l'embryon étant opposée à l'ombilic externe de la graine, ce cordon ombilical est obligé de ramper entre les deux membranes ou tuniques pour aller s'aboucher avec la membrane interne, précisément à l'endroit où se forme la radicule de l'embryon.

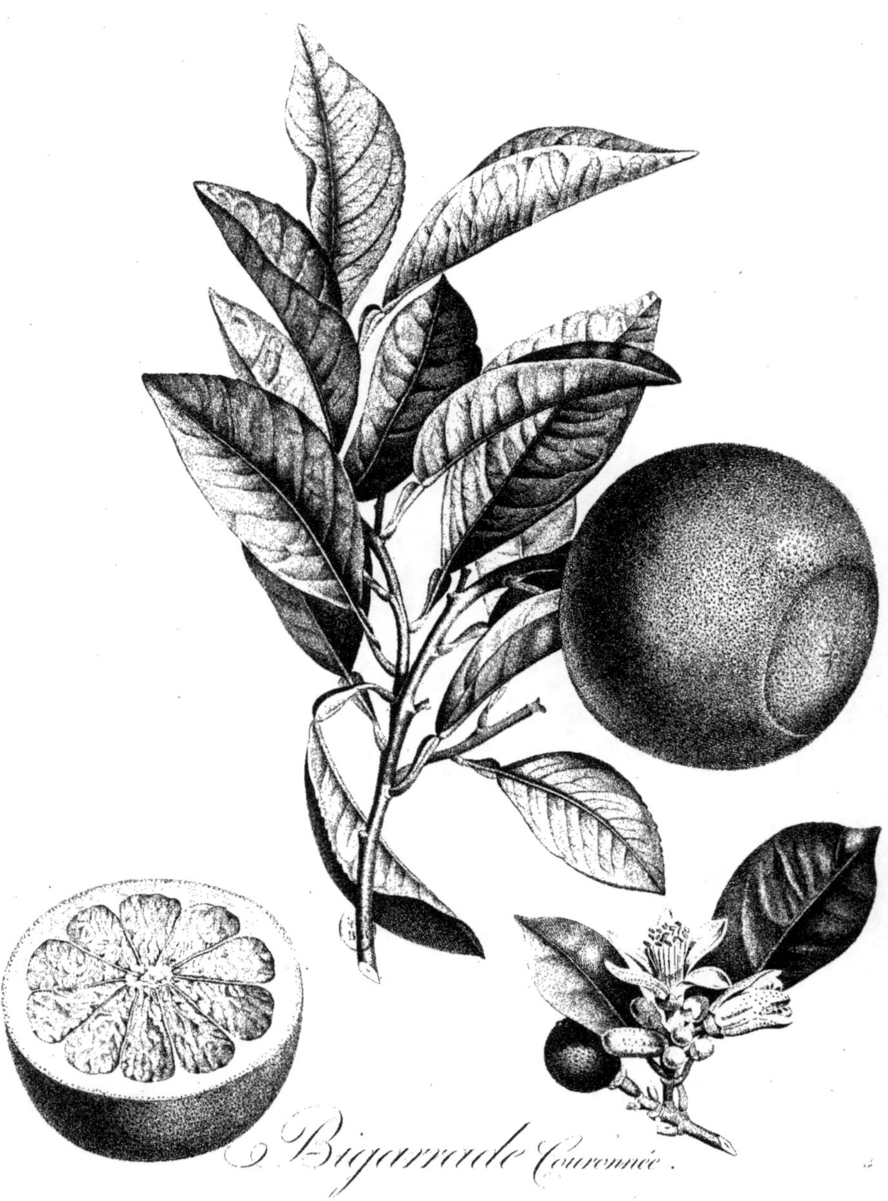

Bigarrade Couronnée.

De l'Imprimerie de Langlois — Bouquet sculp.

ORANGE BIGARRADE COURONNÉE.

Aurantium coronatum. Poit. et Turp.

SELON Ménage, *Dictionnaire étymologique de la langue française*, le mot *bigarre*, d'où vient bigarrer, bigarrade, bigarreau, etc., est formé de *bis varius*, qui s'applique à la variété de forme comme à celle de couleur.

Quand on cultive des Orangers pour la fleur, on choisit de préférence des Bigarradiers, parce qu'ils en donnent beaucoup, qu'elle est plus grande et plus odorante que celle des Orangers à fruit doux.

Le Bigarradier à fruit couronné est une des plus belles espèces, par son port, par le vert gai de son feuillage, par la grandeur et la suavité de ses fleurs.

Ses fruits sont sphériques, du diamètre de 54 à 80 millim. (2 à 3 pouces), couronnés par un grand cercle, divisés intérieurement en dix loges pleines de vésicules contenant un sucre aigre. Ceux obtenus dans les orangeries de Paris ont rarement des graines.

Les Bigarradiers étant de meilleurs sujets que les Citronniers pour greffer les Orangers, on fait venir des Bigarrades de Provence, qui ont de bonnes graines, et que l'on sème à Paris pour en obtenir des sujets : ils croissent moins vite dans le commencement que les Citronniers, mais ne sont pas sujets à une maladie qui fait périr plusieurs Citronniers quand ils sont greffés.

Le suc de Bigarrade peut dans bien des cas remplacer celui du Citron ; il lui est même préférable dans certains alimens. L'écorce sèche est en usage en médecine, dans les offices et en cuisine.

Bigarrade douce.

De l'Imprimerie de Langlois. 16. Bouquet Sculp.

ORANGE BIGARRADE DOUCE.

Aurantium Bigarella dulcis. Poit. et Turp.

De tous les Orangers cultivés dans les Orangeries de Paris sous le nom de *Bigarrade*, celui-ci est le seul dont le fruit est doux et assez agréable à manger. C'est un arbre qui s'élève bien en tige, forme une belle tête assez dégagée, parce que ses rameaux sont menus, effilés, peu divisés; les jeunes pousses sont très vertes, comprimées, sillonnées, un peu torses, plus flexibles que dans beaucoup d'autres espèces.

Les feuilles sont de médiocre grandeur, d'un beau vert, assez allongées, attachées par une articulation sur un pétiole appelé avant-feuille par les jardiniers, parce qu'il est dilaté latéralement, et qu'il ressemble à une petite feuille; les points que l'on remarque sur les feuilles de tous les Orangers sont ici très petits et assez difficiles à apercevoir. Dans la plupart des aisselles, à côté du bouton, il naît une épine simple, raide, dirigée obliquement et qui persiste pendant plusieurs années.

Les fleurs sont petites, mais bien suaves, parce qu'elles ont beaucoup de vésicules d'huile aromatique; celles qui éclosent les dernières n'ont le plus souvent que 4 pétales. Il est étonnant que, d'après l'analogie ou plutôt l'identité des pétales et des étamines, les premiers aient des vésicules d'huile aromatique, et que les secondes n'en aient jamais dans cette espèce. Les dernières ont le pistil avorté. Parmi les étamines, les unes sont libres, et les autres forment trois ou quatre faisceaux composés chacun de trois à quatre filets.

Le fruit est petit, bien arrondi, marqué d'un petit œil au sommet; son écorce est épaisse; il contient rarement des graines dans ce pays. Son suc est doux, trop doux même; il serait meilleur s'il était un peu acidulé.

Cette espèce n'est bonne que pour les collections, car la petitesse de sa fleur n'en fait pas un arbre de grand rapport, et la douceur de son fruit lui ôte le mérite des Oranges acides sans lui donner celui des Oranges douces. Elle est cultivée dans l'Orangerie de Versailles et dans celle du Jardin des Plantes.

Orange de Malte. 368.

Poiteau pinx! De l'Imprimerie de Langlois. Bocourt sculp!

ORANGE DE MALTE.

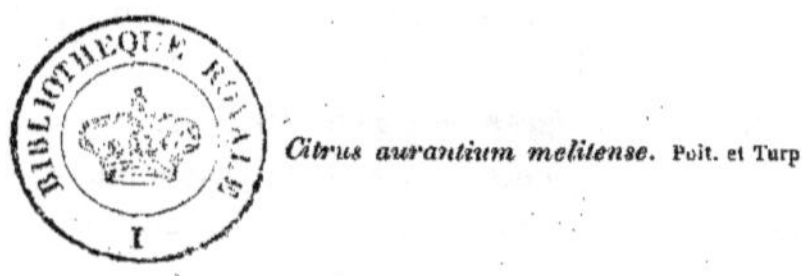

Citrus aurantium melitense. Poit. et Turp.

LES fruitières-orangères de Paris vendent, sous le nom d'orange de Malte, toutes celles qui ont la chair rouge, et sous celui d'orange de Portugal toutes celles qui ont la chair jaune: ensuite elles considèrent, avec raison, celles dont la peau est mince, unie et luisante comme les meilleures; de sorte que, selon ces fruitières, on ne nous enverrait à Paris que deux espèces d'oranges. Cependant en y regardant de plus près, on distingue aisément dans leur étalage, l'orange de la Chine, l'orange de Nice, l'orange de Gênes et plusieurs autres moins caractérisées.

Si d'un autre côté nous consultons l'*Histoire naturelle des orangers* par MM. Risso et Poiteau, nous y verrons plusieurs oranges à chair rouge qui diffèrent beaucoup de l'orange de Malte. Si nous visitons les établissemens des jardiniers fleuristes de Paris, tous nous diront qu'ils cultivent deux orangers de Portugal, l'un qui produit des fruits à chair jaune, et l'autre des fruits à chair rouge; enfin si nous examinons le magnifique espalier d'orangers de M. Fion, à Paris, nous y voyons des orangers de Portugal (dits Portugais) qui portent en même temps des oranges à chair jaune et des oranges à chair rouge, des oranges rondes et des oranges oblongues. Nous y avons même vu en février 1830, sur l'un de ces Portugais, une orange dont le quart était *Cédrat*, comme dans la *Bizarrerie*.

C'est vers la fin de décembre qu'on reçoit à Paris des oranges du Portugal, d'Espagne, du Piémont et d'Italie, et il s'en trouve, venant de tous ces pays, à peau mince et à peau épaisse, à chair jaune et à chair rouge.

Je m'abstiendrai d'entrer dans les détails de toutes ces oranges dont les caractères me paraissent peu constans, et renvoie à l'ouvrage cité plus haut, où on les trouvera décrites et figurées avec soin. Je ferai pourtant observer que M. Gallesio dit que l'orange à chair rouge n'a que peu de pepins et qu'ils sont chétifs; cependant l'orange rouge figurée ici en avait plus que la jaune, et ils étaient tous très bien constitués; il s'en est trouvé plusieurs qui avaient quatre ou cinq embryons parfaits sous la même enveloppe, chose peu connue et très curieuse autrefois, mais que la physiologie explique clairement aujourd'hui. Ce phénomène se rencontre cependant plus fréquemment dans les orangers que dans toute autre famille de plantes.

Quand en cueillant les oranges, en novembre et décembre, on en laisse quelques-unes sur l'arbre, elles ne tombent pas, et il se passe quelque chose de singulier. Au printemps l'arbre entre en sève, le suc des oranges disparaît et elles ne sont plus mangeables; mais quand la végétation se ralentit ou cesse, elles se remplissent de jus et sont alors meilleures que la première fois. Les physiologistes expliquent cela par la nécessité où sont les fluides de se mettre en équilibre pendant la végétation.

Dans les colonies, on cultive aussi des oranges à peau mince et à peau épaisse, mais on n'attend pas pour les cueillir qu'elles soient jaunes comme celles qu'on nous vend à Paris; on les cueille dès qu'elles commencent à prendre une légère teinte jaunâtre; alors elles sont parfaites et infiniment meilleures que toutes celles qui se vendent ici.

GENRE ARBOUSIER.

CE genre appartient à la famille des bruyères; il se compose de quelques grands et petits arbrisseaux toujours verts, à feuilles alternes, à fleurs en grappe, et dont le caractère commun est d'avoir :

1° Un calice très petit, persistant, à cinq divisions ovales.

2° Une corolle monopétale, ovale, ventrue à la base, rétrécie vers le sommet, velue en dedans, terminée par un limbe court à cinq divisions roulées en dehors.

3° Dix étamines plus courtes que la corolle, insérée à sa base, et dont les filets sont velus dans une partie de leur longueur, et dont les anthères sont pendantes, ovales, bilobées, biloculaires, s'ouvrant vers leur insertion avec le filet, munies vers cet endroit de deux cornes divergentes, et au bout opposé d'un appendice conique, plus gros et plus court que les cornes.

4° Un ovaire libre, ovale, granuleux, entouré d'une grosse glande à la base, surmonté d'un style droit, presque cylindrique, de la hauteur de la corolle, et terminé par un large stigmate aplati à cinq lobes arrondis.

5° Une baie globuleuse, charnue, hérissée de pointes molles et obtuses, divisée intérieurement en cinq loges polyspermes. Les graines se trouvent attachées à l'axe central, et se composent d'une mince tunique membraneuse, d'un grand périsperme charnu, au centre duquel est placé l'embryon qui est composé de deux cotylédons, ovales, et d'une radicule longue, subulée, dirigée vers l'ombilic de la graine.

L'Arbousier est extrêmement commun dans les îles de l'archipel de la Grèce, où il devient souvent un grand arbre. En Italie il ne s'élève qu'à une moyenne hauteur; en Espagne et dans les départemens du midi et de l'ouest de la France, il n'est plus qu'un arbrisseau touffu, haut de 3 à 4 mètres (10 à 12 pieds). A Paris l'Arbousier peut à peine résister à la rigueur de nos hivers, et on en voit peu en pleine terre; on le cultive plus généralement en caisse que l'on rentre en orangerie l'hiver. On en distingue une variété à fleurs rougeâtres, peut-être un peu plus rustique et recherchée pour l'ornement des jardins.

Arbousier d'Irlande.

289.

De l'Imprimerie de Langlois.

Bocourt sculpt.

ARBOUSIER D'IRLANDE.

Arbutus unedo Poit. et Turp.

CE nom, consacré en horticulture, indique que l'Arbousier croît jusqu'en Irlande, et la variété qui le porte se reconnaît à ses feuilles plus grandes, à ses fleurs jaunâtres non lavées de rouge, et à ses fruits plus gros. L'Arbousier porte encore le nom de *Fraisier en arbre*, de la ressemblance de son fruit avec la fraise, quoique d'une structure très différente. A Paris, les Arbousiers fleurissent à l'automne et pendant l'hiver, temps où les fruits de l'année précédente mûrissent. Ces fruits sont pendans, globuleux un peu déprimés, d'un très beau rouge, hérissés de pointes mousses, taillées la plupart en tête de diamant. Ces pointes ont la base dure et pierreuse sous la dent; mais on peut en débarrasser le fruit sans le diviser, et alors il devient plus agréable à manger. — A propos de ces pointes tuberculeuses, qui n'ont rien de commun avec les graines contenues dans l'intérieur du fruit, je dois dire pour l'honneur de la vérité, et sans rien diminuer de mon admiration pour le grand Linné, que ce maître était tombé dans une étrange erreur au sujet du fruit de l'Arbousier, lorsqu'il disait : *baccæ polyspermæ, tuberculis seminum exasperatæ.* C'est une vieille erreur que M. Decandolle a renouvelée dans la Flore française.

Les Arbouses que l'on mange à Paris sont fades et, dit-on, indigestes; mais dans les pays chauds, elles sont plus savoureuses. Voici comme Poiret en parle.

« Ce fruit (l'Arbouse), sans être comparable aux cerises et aux prunes, est cependant assez bon à manger; il n'est pas aussi malsain qu'on le croit. On le vend sur les marchés de plusieurs villes d'Italie, de l'Espagne et du Portugal. Il ne faut pas juger de la qualité des fruits de l'espèce en général par ceux que l'on recueille en Provence; car ils y sont moins bons et plus acerbes qu'ailleurs. On a remarqué qu'ils sont plus gros, plus colorés et de meilleur goût dans l'intérieur de l'Italie que sur les bords de la mer. La variété sphérique, qui est le type de l'espèce, et celle que l'on trouve sauvage est très différente des autres. On cultive en Italie les variétés coniques et ovoïdes, et nous en avons vu des fruits qui étaient de la grosseur de nos plus belles prunes; ils étaient succulens, très doux et très agréables à manger. Ces fruits différaient autant de la variété sphérique, très commune dans les bois, que les meilleures prunes de nos jardins diffèrent des prunelles des haies. »

« Nous sommes persuadés que si cet arbre était cultivé avec plus de soin et plus d'intelligence, il pourrait devenir un arbre fruitier intéressant pour les climats tempérés. »

Je ne nie pas la puissance de la culture dans l'amélioration des fruits; mais je crois que sans le ciel de l'Italie l'Arbousier ne s'améliorera jamais à Paris, où d'ailleurs il demande la terre de bruyère dans sa jeunesse. On le multiplie de graine, de marcotte et de greffe.

Explication des détails de la planche ci-jointe :

1. Corolle.
2. La même ouverte, montrant son intérieur velu, la forme et la position des étamines.
3. Pistil grossi.
4. Le même plus grossi, fendu verticalement et faisant voir l'insertion des ovules.
5. Une étamine grossie.
6. Coupe horizontale d'un fruit mûr, et dont par cette raison, les loges sont pleines de sa substance.
7. Coupe verticale du même, montrant les graines comme éparses dans l'épaisseur de la chair.
8. Graine très grossie.
9. La même coupée en travers montrant l'épaisseur du périsperme et celle de l'embryon.
10. Coupe verticale de la même, montrant l'embryon en entier dans sa position naturelle.
11. Embryon isolé.

GENRE ÉPINE-VINETTE.

Berberis, Lin.

PLUSIEURS arbrisseaux de l'Europe, de l'Asie et de l'Amérique sont compris dans ce genre, qui est le chef d'une famille appelée Vinettiers. — Leur caractère commun est d'avoir:

1° Un calice composé de six folioles ovales, concaves, colorées, alternativement plus petites, se détachant aussitôt après la floraison.

2° Une corolle de six pétales arrondis, concaves, un peu plus grands que le calice, munis à la base de deux petits corps glanduleux.

3° Six étamines opposées aux pétales, et dont les filets sont terminés par des anthères à loges très distantes.

4° Un ovaire libre, cylindrique, couronné par un gros stigmate sessile, orbiculaire.

5° Une baie oblongue ou cylindrique, uniloculaire, perforée au sommet, contenant deux ou trois graines allongées, épaissies en massue au sommet.

Les Vinettiers sont des arbrisseaux touffus; pullulant de la souche, hauts de quatre à huit pieds, ayant les racines jaunes ou tinctoriales et l'écorce des tiges également jaunes à l'intérieur; tous sont épineux, et les épines, simples ou trifides, proviennent de feuilles ou ne sont que des feuilles changées en épines, tandis que les feuilles apparentes prennent une forme ovalaire bordée de dents plus ou moins épineuses.

En mai et juin les fleurs se développent en grappes jaunes, simples ou rameuses, pendantes, et répandent une odeur particulière peu agréable. A ces fleurs succèdent des fruits également en grappes pendantes, qui persistent jusqu'aux gelées, et font par leur couleur rouge ou violette un ornement dans les jardins en attendant qu'on les cueille pour les porter à l'office.

Ainsi, les Vinettiers sont des arbrisseaux d'ornement, leurs racines donnent une teinture jaune, leurs feuilles renferment un acide semblable à celui de l'oseille, leurs fruits contiennent un autre acide très rafraîchissant et d'un grand usage en médecine, ces mêmes fruits se convertissent en sirops, en confitures, en pâtes et conserves dans les offices. D'après cela il me semble que les Vinettiers ne sont pas mal partagés.

Quant à la science, les étamines de l'Epine-Vinette occupent depuis long-temps la sagacité des physiologistes. Ces organes exécutant un mouvement assez rapide lorsqu'on les touche, les uns en concluent que les plantes sont irritables comme les animaux, ou que du moins l'irritabilité existe en elles; les autres nient que les plantes soient irritables et ne voient qu'une action mécanique dans les mouvemens qu'elles exécutent; d'autres, et ce sont les plus raisonnables, disent que si certains mouvemens dans les plantes s'expliquent d'une manière plausible, il en est aussi qui paraissent provenir de causes encore inexplicables dans l'état actuel de la science.

Les Épines-Vinettes ne sont difficiles ni sur la nature de la terre ni sur l'exposition; elles ne craignent pas le froid et aucun insecte ne les endommage; elles se multiplient facilement par graines, par drageons et par marcottes. Leur fruit se conserve très long-temps sur les tiges en état de maturité, sans doute au moyen de la grande quantité d'acide qu'il contient.

Pendant long-temps on a cru que l'odeur de la fleur de l'Épine-Vinette nuisait à la fleur du blé, quoique ces deux plantes ne fleurissent pas en même temps; on a cru que la rouille du blé provenait de l'Épine-Vinette; aujourd'hui ces croyances sont considérées comme des préjugés sans fondement, et on les abandonne peu-à-peu.

Epine-vinette ordinaire.

Poiteau Pinx. De l'Imprimerie de Langlois. Bouquet Sc.

I

ÉPINE-VINETTE ORDINAIRE.

Barberis vulgaris. Poit. et Turp.

CETTE plante est la plus connue, et celle que l'on cultive presque exclusivement dans les jardins pour ses fruits. Ses tiges ont l'écorce extérieure cendrée ; les épines sont, les unes simples, les autres trifides.

Les feuilles, longues de 2 à 5 centimètres (1 à 2 pouces), sont généralement en forme de coin ou d'ovale renversé, rétrécies à la base en un pétiole articulé, bordées de dents plus ou moins nombreuses et plus ou moins ciliées.

Les fleurs sont d'un jaune pâle, disposées en grappes simples et pendantes.

Les fruits sont rouges, assez longs, cylindriques et fort acides.

La variété à fruit sans pepins ne présente aucune différence à l'extérieur ; ses fruits ont la même forme, la même grosseur et la même couleur ; mais ils ne contiennent pas de pepins ; elle paraît même n'être due qu'à l'âge ou à la faiblesse de l'individu, car une marcotte prise sur un tel pied, et bien cultivée, a donné des fruits qui contenaient des pepins.

Epine-vinette à fruit blanc.

De l'Imprimerie de Langlois — Bouquet Sculp.

ÉPINE-VINETTE A FRUIT BLANC.

Berberis alba. Poit. et Turp.

L est naturel que toutes les Epines-Vinettes aient l'écorce jaune; mais quand, parmi des plantes liées par un caractère commun, quelques-unes affectent encore un autre caractère, le caractère commun en est affaibli. Ainsi les Epines-Vinettes ayant le fruit rouge ou violet ont aussi l'écorce intérieure très jaune. Mais voici une Epine-Vinette qui, par exception, a les fruits blancs: eh bien! ses fleurs, son écorce intérieure, sont moins jaunes que chez les autres espèces. Donc, la moindre modification dans l'une des parties d'un être vivant en amène nécessairement dans toutes les autres parties: nous ne voyons, nous ne pouvons pas toujours apprécier ces différences, mais la nature les aperçoit; et si on lui montrait l'orteil d'un individu qui ait l'épine dorsale déviée, elle dirait de suite c'est l'orteil d'un bossu.

Les fleurs, dans cette espèce, sont beaucoup moins nombreuses que dans les autres, et les grappes qu'elles forment sont aussi plus courtes.

Les fruits sont encore moins nombreux que les fleurs; leur forme, leur grosseur, n'offrent rien de particulier, mais leur couleur est constamment d'un blanc jaunâtre; ils ont autant d'acidité que les fruits rouges et contiennent un ou rarement deux très petits pepins.

Cette espèce est rare dans les jardins parce qu'elle n'est pas ornementale et que ses fruits sont peu nombreux. On la cultive au Muséum d'Histoire naturelle.

Epine-vinette à petit Fruit.

Poiteau pinx. De l'Imprimerie de Langlois Bouquet sculp.

ÉPINE VINETTE A PETIT FRUIT.

Berberis sylvestris. Poit. et Turp.

ETTE espèce avait été confondue avec l'Epine-Vinette ordinaire, parce qu'elle n'avait jamais été figurée. J'en dois la connaissance à M. Noisette, qui le premier l'a distinguée dans son école.

Elle est plus petite que les autres dans toutes ses parties. C'est un arbrisseau arrondi, touffu, produisant du pied, tous les ans, des bourgeons qui portent du fruit la seconde année.

Les branches à fruit sont anguleuses, géniculées, souvent arquées par le poids du fruit. Les supports sont élevés et armés d'épines à trois branches, dont les deux latérales sont très courtes ou avortées.

Les feuilles sont très inégales, plus ou moins arrondies au sommet, longues au plus de 40 millim. (18 lignes).

Les fleurs, jaunes, comme dans tout le genre, sont disposées en petites grappes pendantes.

Chaque grappe produit une douzaine de petits fruits, longs de 9 millim. (4 lign.), plus épais vers la base qu'au sommet. Ils commencent par être jaunes; ensuite deviennent rouges, et finissent par être violets dans l'extrême maturité.

Epine-vinette à fruit violet.

Poiteau Pinx. — De l'Imprimerie de Langlois. — Bouquet Sc.

ÉPINE-VINETTE A FRUIT VIOLET.

Berberis violacea. Poit. et Turp.

BIEN que l'Épine-vinette n'occupe pas un rang distingué dans la Pomologie, il y en a cependant deux espèces dont les fruits doivent être signalés, soit par leur grosseur, soit par leur couleur. Ces deux espèces privilégiées, sont l'Épine-vinette à larges feuilles ou à gros fruit, déjà publiée dans cet ouvrage, et celle dont il est aujourd'hui question sous le nom d'Épine-vinette à fruit violet.

Cette jolie espèce se couvre au printemps d'une très grande quantité de fleurs jaunes; l'automne elle se charge de riches guirlandes de fruits violets qui forment un contraste agréable avec la tendre verdure de ses feuilles longues et étroites.

Elle est aussi d'un port très élégant, et ses longs rameaux effilés, inclinés avec grâce sous le poids des fruits qu'ils nous offrent, la rendent l'un des plus intéressans arbrisseaux pour la décoration d'un jardin où l'on réunit l'utile à l'agréable.

La seconde écorce de cet arbrisseau est peut-être plus jaune que celle de ses congénères, et ses fruits donnent une belle teinture carminée.

Epine-vinette à larges feuilles. 60.

Turpin Pinx. — De l'Imprimerie de Langlois. — Bouquet Sc.

I.5

ÉPINE-VINETTE A LARGES FEUILLES.

Berberis latifolia. Poit. et Turp.

PARMI les Épines-Vinettes, voici la variété la plus intéressante, la plus productive, et je ne puis assez m'étonner qu'elle ne soit pas plus cultivée, qu'on ne la voie pas embellir les jardins paysagers, et fournir ses fruits avec profusion à tous les confiseurs, à toutes les officines du royaume. Je ne la connais qu'au Jardin royal des Plantes de Paris, et encore n'y figure-t-elle que dans l'école des arbres fruitiers, où un accident peut la faire périr d'un jour à l'autre, et qu'il soit très difficile peut-être de la retrouver ailleurs.

L'arbrisseau est plus vigoureux et plus grand que ses congénères ; sa touffe devient fort large et s'élève à la hauteur de sept à huit pieds ; ses rameaux sont fermes, gros et longs, garnis de feuilles en rosette, ovales-spatulées, rétrécies en pétiole à la base, longues de dix-huit à vingt-six lignes et bordées de dents qui imitent de petites épines dirigées vers le sommet de la feuille.

Au printemps, cette variété éclipse ses congénères par la grandeur et la multitude de ses fleurs jaunes ; à l'automne, elle les écrase par l'abondance et la grosseur de ses fruits.

Sa fécondité est étonnante ; chaque rameau se termine par une guirlande inclinée, longue le plus souvent de deux pieds, composée de vingt à trente grappes pendantes, dont les fruits, beaucoup plus gros que dans les autres variétés, sont oblongs, un peu comprimés. du rouge le plus vif et le plus éclatant. L'arbrisseau forme alors un buisson de feu, et si les architectes de jardins pittoresques le voyaient dans cet état, ils lui donneraient certainement une belle place dans leurs compositions. Mais, hélas! trop peu d'architectes et de planteurs de jardins connaissent suffisamment les plantes pour distinguer cette variété de ses congénères et apprécier son mérite. Pour eux, une Épine-Vinette est une Épine-Vinette.

Cependant, si quelqu'un doit faire une étude sérieuse des grandeurs, des formes, des aspects, des couleurs et des tons que la nature a placés dans les végétaux, c'est bien celui que l'on paie pour embellir et reproduire en miniature, dans un jardin, les sites et les scènes agréables ou instructifs, épars dans les campagnes, les vallées et les montagnes ; c'est bien celui-là qui devrait savoir la botanique et voyager. Mais non ; quelques idées, de l'argent à gagner, voilà tout. Le fameux jardin de Trianon, le jardin de la reine Marie-Antoinette a été bien dessiné sans doute, mais il a été planté en dépit du bon sens ; le planteur n'avait aucune idée de ce que deviendraient les arbres qu'il plantait dans dix ans, vingt ans, cinquante ans. Les grands arbres étaient devant les petits, les petits derrière les grands; les grands rapprochés, les petits éloignés. Aussi, ne reste-t-il de cette immense plantation que les arbres les plus robustes, qui ont étouffé et fait mourir les autres.

Tant que les planteurs de jardins paysagistes ou pittoresques ne sauront pas la botanique et n'auront pas voyagé, ils ne sauront pas planter un jardin.

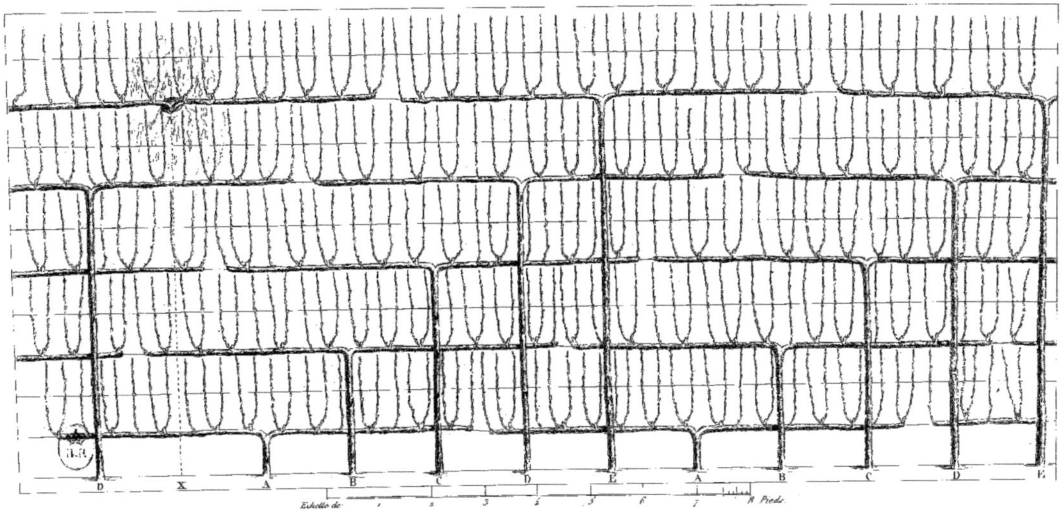

D X A B C D E A B C D E

Echelle de 1 2 3 4 5 6 7 8 Pieds

Culture de la Vigne selon la méthode de Thomery.

GENRE VIGNE.

Vitis Lin.

L'HISTOIRE de la Vigne est certes la plus étendue et la plus curieuse de toutes les histoires dendrologiques. Les poètes, les législateurs, les économistes, les cultivateurs, les bons vivans, voire même les botanistes s'en sont occupés, et si on rassemblait tous les livres qui ont été écrits sur la Vigne et son produit, il en résulterait une bibliothèque non moins considérable que celle des lois qui nous régissent.

Ne devant parler ici que de la Vigne de nos jardins, que de celle qui fournit le raisin de nos desserts, je serai très sobre et ne fouillerai pas bien avant pour remplir la tâche qui m'est imposée.

Je sais bien que je n'apprendrai rien au lecteur en disant qu'il y a long-temps que le mérite de la Vigne est connu, mais mon plan m'oblige à rappeler que les Celtes, ancien peuple de la Gaule, appelaient la Vigne *gwid*, mot que l'on traduit par le *meilleur des arbres*, mot dont nous avons fait *vigne*, les Latins *vitis*, les Grecs *oinos*, les Espagnols *vid*, et les Anglais *wine;* or, il résulte de cette étymologie que la Vigne a été trouvée croissant naturellement dans la Gaule, que les Celtes la connaissaient avant qu'ils sussent qu'il existait des Grecs et des Romains, et que si la nature a placé aussi de la Vigne dans le Levant, en Asie, en Afrique et en Amérique, du moins ce n'est pas à ces pays que nous devons l'avantage de la connaître. Que depuis ces temps reculés, la Gaule ait reçu des espèces ou variétés de Vigne de la Grèce, de l'Asie, ou d'ailleurs, cela est probable; mais je tenais beaucoup à prouver que la nature n'avait pas oublié la Gaule lorsqu'elle a semé la Vigne sur la terre.

Aujourd'hui les botanistes comprennent la Vigne dans une famille qu'ils ont formée sous le nom d'AMPELIDÉES. Cette famille ne contient encore que quatre genres; celui qui renferme les Vignes proprement dites a pour caractères: 1° un calice petit, monophylle, à 5 dents; 2° une corolle à 5 pétales lancéolés, libres à la base, adhérens souvent entre eux par le sommet, et tombant ordinairement sans se désunir; 3° 5 étamines hypogynes, opposées aux pétales, attachées à un disque glanduleux; 4° un ovaire libre arrondi, quinqueloculaire, à loges monospermes, surmonté d'un style simple qui se termine par un stigmate en tête aplatie; 5° un fruit en baie charnue, succulent, rond ou ovale, dans lequel les cloisons de l'ovaire sont en partie ou tout-à-fait détruites; 6° 5 graines (souvent moins par avortement) dures, allongées, atténuées par en bas, échancrées en cœur au sommet, ayant au centre deux petits vides, et contenant dans sa base un embryon entouré d'un périsperme blanc, dur et charnu.

Tels sont les caractères par lesquels les botanistes reconnaissent la Vigne; mais il en est d'autres non moins généraux plus faciles à saisir et à la portée de tout le monde: c'est que toutes les vignes ont la tige ligneuse, sarmenteuse, les feuilles alternes, pétiolées, stipulées, lobées; que les fruits sont toujours disposés en grappes opposées aux feuilles, et que quand le fruit manque, la grappe qui devait le porter est représentée par une vrille plus ou moins rameuse.

Il y a des Vignes étrangères qui ne s'élèvent qu'à quelques pieds, d'autres qui s'élancent jusqu'au sommet des plus hauts arbres; la tige des unes ne devient pas plus grosse que le pouce, celle des autres atteint la grosseur du corps humain et vit des siècles; toutes contiennent une sève abondante qui dans certaine saison s'échappe en ruisseau par la moindre plaie, et à laquelle on donne en France le nom de *pleurs*. Je ne m'arrêterai pas à la propriété médicinale attribuée à ces pleurs de la Vigne, ni à celle de ses feuilles vertes ou séchées, ni à celle des raisins secs, puisque les médecins les reconnaissent comme très faibles et que d'autres plantes les possèdent également. Je ne dirai même qu'un mot des nombreuses variétés de Vignes dont on tire les différens vins, mon plan n'étant de parler que de la meilleure culture des meilleurs raisins de nos jardins.

Selon les botanistes, les 2 ou 300 sortes de Vignes cultivées, soit pour en tirer du vin, soit pour en manger le raisin, seraient toutes sorties de la Vigne qu'ils appellent *Vitis vinifera*, ou ne seraient que des variétés de cette Vigne. Je n'ai pas d'objection sérieuse à faire aux botanistes, mais, comme je connais leur science, je leur dirai qu'ils ne connaissent pas plus la *Vitis vinifera* originelle que le froment originel; que leur supposition est un article de foi comme celui qui nous fait descendre tous du père Adam, et que cela n'est nullement de la science. Que Michaux père ait cru avoir trouvé la Vigne primitive, la mère de toutes nos Vignes, il y a 50 ans au bord de la mer Caspienne, permis à lui de l'avoir cru; moi je crois qu'il a trouvé une Vigne abandonnée, une Vigne non cultivée, et rien autre chose.

Quoiqu'il n'y ait aucun raisin décidément mauvais; quoique les catalogues des pépiniéristes relatent 30 et 40 raisins comme dignes de figurer sur les tables, je soutiens cependant qu'il n'y a tout au plus que 12 sortes de raisins qui méritent d'obtenir cet honneur sous le climat de Paris, et que parmi ces 12, il s'en trouve qui n'y figurent que comme curiosités.

MULTIPLICATION ET CULTURE DE LA VIGNE DANS LES JARDINS.

Semis. Il y a quelques curieux qui sèment des pepins de raisin dans le but d'en obtenir une ou plusieurs variétés meilleures que celles que nous possédons; mais quoique la nature ne réponde que bien rarement à leur espérance, c'est un goût qui mérite d'être encouragé. Si le semis est mal cultivé, on n'en obtient des grappes qu'après sept ou huit ans; mais si après deux ans de semis, on relève le plant, qu'on le replante en bonne terre, en bonne exposition, suffisamment espacé, et qu'on le taille convenablement, il peut montrer sa première grappe à l'âge de cinq ans. Alors seulement on connaît le résultat de son expérience.

Marcotte. Ici on ne cherche pas à obtenir du nouveau, on veut seulement multiplier une espèce dont le mérite est reconnu. Pour cela, au commencement du printemps ou à l'automne, on fait une fossette en bateau dans la terre au pied d'une Vigne, on abaisse et on couche dans le fond de cette fossette une branche de la Vigne, on l'y fixe au moyen d'un crochet si elle oppose de la résistance, on la recouvre de 4 ou 5 pouces de terre sur une longueur de deux ou trois nœuds, et on relève verticalement l'extrémité non enterrée que l'on taille de suite, ou dans la saison convenable, à la hauteur qui doit répondre au but que l'on se propose. Si la marcotte est faite avec du bois de la dernière pousse, il convient de la tailler à un ou deux yeux au dessus de terre; si elle est faite avec du bois de deux ans, on lui taillera son jeune bois à la manière accoutumée pour ne pas la priver des grappes qu'elle doit produire. En un an une marcotte de Vigne est suffisamment enracinée pour être sevrée, levée et plantée à demeure, en observant cependant que le bois d'un an s'enracine plus promptement que le bois de deux ans.

Si on était pressé de jouir, on pourrait, dès le commencement de juillet, marcotter un rameau de l'année avec la précaution et les soins connus des bons jardiniers, et il serait enraciné à l'automne.

Bouture. Pour faire une bouture de vigne, on prend, à l'automne ou dès le premier printemps, un rameau ou sarment de la dernière pousse; on le détache avec son talon, on lui supprime la partie supérieure et la moins mûre, on le réduit par ce moyen à une longueur de quinze pouces à trois pieds, selon sa force, on le couche dans une fossette comme une marcotte et de manière que son extrémité supérieure reprenne à-peu-près la direction verticale, et qu'il y ait un œil ou deux hors de terre quand le restant de la bouture en sera recouvert de l'épaisseur de quatre à six pouces.

Quelques arrosemens et un paillis pendant l'été sont favorables et quelquefois indispensables à l'enracinement d'une bouture. Elle ne pousse jamais que fort peu de bois la première année, et il est avantageux, si elle n'a pas été faite à demeure, de ne la relever qu'après la seconde année pour la mettre en place.

Ce que je viens de dire pour une marcotte, pour une bouture, doit s'entendre comme si je parlais d'un mille.

Greffe. Il vaut mieux quelquefois greffer un pied de Vigne vigoureux pour en changer l'espèce que de l'arracher et en planter un autre; c'est par le moyen de la greffe en fente pratiquée sur un cep près de terre, ou dans la terre même, que l'on change ainsi des pièces entières de Vignes, et on conseille, pour assurer le succès, de recouvrir de terre la greffe elle-même en partie. Il arrive en effet par ce moyen que si la greffe ne reprend pas, elle forme une bouture qui s'enracine, et que l'on a deux chances de réussite au lieu d'une seule. Mais dans les jardins on greffe aussi la Vigne loin de terre, et souvent à une hauteur de 10 à 12 pieds, où la fraîcheur du sol n'a plus aucune influence; cette greffe s'exécute aussi en fente, soit sur de vieux bois, soit sur un sarment de l'année en mars et avril avec un rameau coupé dès l'automne ou en hiver. Si on greffe sur un sarment de l'année, il est avantageux de couper ce sarment juste au-dessus, d'un œil, de fendre cet œil en même temps que le sarment, et d'enfoncer la greffe de manière que son œil inférieur soit un peu plus bas que celui du sarment, qui, quoique fendu en deux, aura encore la force de faire monter la sève qui doit opérer la soudure de la greffe.

Plantation. Quoiqu'on trouve quelquefois assez bon du raisin venu en cépée et en contrespalier dans les jardins, il n'y a pourtant que celui qui a joui de la protection immédiate d'un mur qui soit décidément bon sous le climat de Paris, c'est-à-dire celui venu en espalier le long d'un mur à l'exposition du midi, du levant et du couchant. Mais cette position *sine quâ non* ne suffit pas encore quand la culture est négligée, ou basée sur de mauvais principes. Je ne connais qu'une bonne méthode de cultiver la Vigne en espalier; c'est celle pratiquée à Thomery et à Fontainebleau, et je ne puis assez m'étonner de voir qu'elle n'est imitée dans aucun jardin de Paris, et que je ne pourrais nommer qu'un seul propriétaire qui exige que son jardinier la mette en pratique, tandis que depuis que M. le comte Lelieur et moi l'avons fait connaître, les Anglais et les Américains ont fondé des prix pour la faire établir chez eux. Cette méthode différant de toutes les autres par la plantation et par la taille, je vais l'exposer le plus clairement qu'il me sera possible en expliquant ses deux parties, la plantation et la taille.

Quand on veut former un espalier de Vigne à la manière de Thomery, il faut d'abord que la plate-bande qui règne au pied du mur sur lequel on se propose de l'établir, ait au moins 5 pieds de largeur, et quelle soit composée de la meilleure terre possible, abondamment pourvue de substance nutritive dans une épaisseur de 3 pieds, et que le sous-sol soit propice à l'écoulement des eaux surabondantes, ou qu'on y supplée par des pierrées. Cette terre ne devra pas être argileuse, mais normale, perméable, richement engraissée avec du fumier de vache; plus sableuse, la Vigne y ferait beaucoup de chevelu et peu de grosses racines. Des gazons de prairies réunis en gros tas, décomposés pendant deux ans et ensuite mélangés avec du fumier de vache, forment une terre parfaite pour la Vigne.

Tandis que d'une part on dispose ainsi la plate-bande, de l'autre on se pourvoit de la quantité nécessaire de marcottes enracinées longues de 3 à 4 pieds, ou de crossettes de même longueur; les premières coûtent plus cher, mais elles ont l'avantage de faire gagner 1 an ou 2 de végétation. Cependant le plus important est de puiser à bonne source afin de n'être pas trompé sur l'espèce.

Le moment de planter étant arrivé, on fait ouvrir des tranchées à travers la plate-bande et perpendiculaires au mur, à 20 pouces l'une de l'autre de centre à centre, larges d'un pied, profondes de 12 pouces, longues de 4 pieds et touchant au mur par un bout; on étend dans le fond de chaque tranchée 3 pouces d'épaisseur de fumier de vache consommé, et par dessus 15 ou 18 lignes de bonne terre douce bien divisée; un jardinier habille les marcottes; on en couche une dans chaque tranchée, de manière que la tête se relève verticalement à 3 pouces du mur et porte au moins un œil au-dessus du niveau du sol; on étend bien les racines, on couvre toute la partie couchée, de 2 ou 3 trois pouces de terre fine, et enfin on étend encore

3 ou 4 pouces de fumier de vache dans la tranchée, et on la recouvre de 2 pouces de terre.

Après cette opération la plate-bande se trouve relevée, inégale; mais on l'égalise en laissant cependant la place des tranchées un peu plus creuse, afin d'y mettre un paillis et de pouvoir arroser au besoin.

Les crossettes se plantent de la même manière en mettant un peu plus de fumier de vache dessous et dessus pour favoriser la radification.

A Thomery, on prend encore plus de soin et on fait plus de dépenses pour planter que je n'en indique ici, mais je crois que les cultivateurs de ce pays vont jusqu'au superflu, et qu'il suffit de faire ce que je viens de dire pour obtenir un succès complet.

D'après cette méthode les pieds de Vigne sont à 20 pouces l'un de l'autre, et cette distance paraît beaucoup trop petite à certaines personnes; mais comme tout le monde convient qu'on cultive mieux la Vigne à Thomery que partout ailleurs, qu'on y récolte sur un espace donné une plus grande quantité de plus beau et de meilleur raisin qu'ailleurs, que Thomery n'est pas plus favorisé par sa position ni par son sol que les communes des environs où le raisin de table n'est ni aussi abondant ni aussi bon, il faut pourtant bien convenir que cette méthode est la plus parfaite.

Mur. La distance de 20 pouces entre chaque pied de Vigne est calculée de manière à ce que l'espalier ait 5 cordons, à ce que le mur ait 8 pieds de hauteur, et qu'il soit couvert d'un chaperon saillant de 8 à 9 pouces. Cette large saillie du chaperon modère la végétation des cordons supérieurs de la Vigne et protège le raisin contre les pluies et une partie des intempéries atmosphériques.

Treillage. La première ligne horizontale de lattes du treillage doit être à 9 pouces du sol, et les autres également à 9 pouces de distance jusqu'auprès du chaperon; les lattes verticales; destinées seulement à consolider les premières, peuvent être à 2 pieds l'une de l'autre ; de sorte qu'un treillage à la Thomery a les mailles plus grandes et coûte moins cher que les treillages ordinaires. Je ne dis rien des crochets, de la couture ni de la peinture qui se font à Thomery comme ailleurs.

Formation de cordons. Un mur haut de 8 pieds doit recevoir 5 cordons de Vigne à 18 pouces l'un de l'autre. Le premier cordon se place, sur la plus basse ligne du treillage et les autres sur la 3e 5e 7e et 9e lignes. Chaque pied de vigne élevé sur un seul brin jusqu'à la hauteur qui lui est destinée, se partage là en deux bras pour former le cordon. D'après la distance de 20 pouces qu'il y a entre chaque plant, un bras n'a jamais et ne peut avoir que 4 pieds de long; d'où il résulte que chaque Vigne ayant deux bras, elle fournit 8 pieds de cordon; que les yeux de la Vigne étant à 6 pouces au plus l'un de l'autre, ils fournissent 16 coursons sur un cordon long de 8 pieds; qu'au moyen de la taille 16 coursons développent, terme moyen, 30 rameaux et chaque rameau 2 grappes, il en résulte qu'une surface de 8 pieds en carré d'espalier à la Thomery se couvre de 320 grappes de raisin, quantité qu'on n'obtient par aucune autre méthode.

Afin de faciliter l'intelligence de ce que je viens de dire très brièvement, je joins ici une

m

planche qui en apprend plus que le plus long discours. On y voit que les brins de Vigne sont de 5 hauteurs différentes et progressives comme A. B. C. D. E.; qu'après ces 5 hauteurs la même progression recommence, afin que le mur soit toujours bien garni et que les 5 cordons se continuent régulièrement. Cette planche montre aussi un cas particulier, indépendant de la méthode, et qui mérite une explication.

Les différentes parties des végétaux sont jusqu'à un certain point indépendantes les unes des autres; l'une peut végéter et croître, tandis que l'autre reste dans l'inaction, en raison de la température ambiante. Si pendant l'hiver on introduit l'une des branches d'un arbre dans une serre chaude, elle y pousse et fleurit, tandis que les autres branches restées dehors ne donnent aucun signe de végétation. Ce fait étant bien connu, on plante un arbre au pied d'un mur à l'exposition du nord, afin que ses racines ne manquent pas d'humidité; on fait un trou au mur à la hauteur convenable, on y fait passer la tête du jeune arbre, et elle vient s'épanouir au soleil, jouir de toute son influence et produire des fruits plus savoureux et plus précoces que si elle fût restée au nord. C'est un fait de cette nature que la planche ci-jointe représente en Y. Le pied de vigne dont on ne voit que le cordon a été planté de l'autre côté du mur à la place marquée X. Quand il fut devenu assez grand, on a percé le mur, afin que ses deux bras vinssent figurer au 5e cordon, du côté du soleil, et que son fruit y acquît la qualité qu'il n'aurait jamais pu obtenir au nord.

La nature de cet ouvrage ne me permet pas d'expliquer les détails de culture nécessaires pour amener la plantation exposée plus haut à former un espalier tel que le représente le dessin ci-joint, et qui a été fait d'après nature à Thomery même; mais la vue de ce dessin suffira à un jardinier intelligent pour lui faire deviner les moyens d'établir un pareil espalier. Une seule difficulté pourrait l'arrêter, et je vais dire comment il faut la vaincre.

La Vigne ayant les rameaux alternes, on ne conçoit pas d'abord comment on peut la forcer à en produire deux bourgeons opposés pour lui former deux bras exactement à la même hauteur; mais les boutons à bois de la Vigne étant accompagnés d'un autre bouton plus petit, que les uns appellent sous-œil, et que Duhamel nomme bouton de *faux-bois*, on conserve la pousse de ce dernier bouton au lieu de la supprimer selon l'usage, et on l'étend horizontalement d'un côté, tandis qu'on étend la pousse du gros-bouton horizontalement de l'autre côté: par ce moyen on a deux bras qui partent du même point et forment une ligne droite; la pousse du bouton de faux-bois est plus faible pendant un an ou deux; mais l'équilibre s'établit ensuite de lui-même ou à l'aide de l'intelligence du jardinier.

Taille, palissage, effeuillaison. Je dirai peu de chose sur la taille, parce que je suppose que j'ai affaire à un jardinier habile, et qu'une longue dissertation serait inutile pour les autres. Je ferai observer seulement qu'il faut nécessairement faire développer tous les yeux à bois qui se trouvent sur les cordons, et que le moyen d'y parvenir est de tailler court; que le bourgeon terminal doit être attaché horizontalement et les autres verticalement; que ces derniers doivent être taillés en courson à la taille suivante, tandis qu'on taillera le terminal à 2 ou 3 yeux et qu'on le dirigera horizontalement; qu'il faudra au moins 3 ans et peut-être 5 ans pour qu'un bras soit amené à la longueur de 4 pieds; que, parvenu à cette longueur, son bourgeon terminal doit être taillé en courson comme les autres ; et qu'enfin entre les mains d'un bon jardinier, un courson de 10 ans ne doit pas avoir plus de 1 pouce de longueur.

Quant au palissage, il s'effectue avec facilité, puisque le treillage offre entre chaque cordon une ligne de lattes pour y attacher les jeunes bourgeons. Tous les bourgeons conservés sont arrêtés à la hauteur du cordon qui passe au-dessus deux, et on les pince toutes les fois qu'ils veulent s'élever davantage.

L'effeuillage consiste à supprimer ou plutôt à écarter quelques feuilles auprès des grappes quand le raisin commence à mûrir, afin de lui faire prendre de la couleur et d'augmenter sa qualité; mais cette opération ne peut être bien faite que par une personne qui entend la physiologie végétale. Presque partout on effeuille à outrance et sans discernement pour exposer les grappes au soleil, et il en résulte que le raisin durcit, ne grossit plus et ne peut acquérir toute sa saveur. Pour parvenir à bien effeuiller, il faut aller prendre une leçon de M. Brassin à la treille royale de Fontainebleau.

Après ces généralités, il convient de revenir à la terre qui doit nourrir la Vigne et entretenir sa fertilité.

Quoique la plate-bande de l'espalier soit une excellente terre et puissamment engraissée, elle s'épuiserait pourtant si de temps en temps on n'y mettait un nouvel engrais. Les habitans de Thomery fument leurs espaliers tous les trois ans: on suivait le même usage à la treille royale de Fontainebleau, mais M. Brassin a cru reconnaître que le fumier nuisait à la qualité d'un raisin, et il n'emploie plus de fumier à l'état frais : il accumule en tas des curures de fossé, d'étang, des herbages, des feuilles, du terreau, et fait mûrir le tout ensemble pendant deux et trois ans avant de l'enterrer dans la plate-bande de la treille. L'idée que le fumier non consommé nuit à la qualité du raisin n'est pas nouvelle; elle est fondée sur deux raisons.

D'abord, il est de fait que le raisin est meilleur sur une Vigne faible que sur une Vigne très vigoureuse ; et comme le fumier tend à augmenter la vigueur de la Vigne, on juge qu'il doit diminuer la qualité de son raisin. Ensuite on a confondu le fumier avec les balayures et les immondices des rues de Paris, qui amoncelées en dépôts sous le nom impropre de *gadoue*, s'échauffent, fermentent, répandent une odeur infecte, et dont on se sert cependant pour fumer les Vignes des environs de la capitale, lesquelles Vignes donnent en effet des récoltes abondantes, mais dont la mauvaise qualité de leur raisin est attribuée à l'excès et à la nature de cet engrais. On va même jusqu'à dire, en se basant sur quelques passages historiques, que le raisin des environs de Paris produisait autrefois un vin beaucoup meilleur que celui d'aujourd'hui, et que c'est l'usage immodéré des engrais qui l'a fait dégénérer.

Je laisse là la vigne des champs et reviens à mon sujet en disant qu'il faut qu'une Vigne d'espalier pousse convenablement et pendant long-temps; que pour l'entretenir en bon état il lui faut un engrais quelconque, et qu'on peut sans inconvénient lui donner tous les trois ans du fumier gras presque réduit en terreau.

L'engrais est nécessaire, indispensable pour la Vigne qui végète dans une terre nue, exposée à l'évaporation, à la sécheresse et à toutes les influences atmosphériques; mais l'engrais est moins nécessaire, inutile peut-être quand la terre, déjà bonne par elle-même ou par l'art, est couverte de manière à ne rien perdre par l'évaporation. Ainsi, à Thomery même, tandis qu'on fume les espaliers des jardins tous les trois ans, on a d'autres espaliers dans les cours qu'on ne fume jamais, puisque ces cours sont pavées jusqu'aux murs, et cependant les espaliers des cours croissent, vivent et produisent comme ceux des jardins. Cet exemple n'est ni nouveau ni le seul à citer, et quand les lois et les besoins de la végétation seront mieux connus, il pourra bien arriver que l'on conseillera de couvrir la terre de dalles de pierre dans certaines cultures.

Conservation des raisins. Le raisin de table est une si bonne chose, qu'on a proposé ou imaginé une infinité de moyens pour le conserver le plus long-temps possible en état de maturité. A Paris, c'est seulement le chasselas que l'on tâche de conserver, et voici une partie des procédés employés à cette intention. 1° Quand le raisin est parvenu entre le tiers et la moitié de sa grosseur, on coupe, au moyen d'une paire de ciseau fin, une partie des grains les moins avancés, de manière à éclaircir la grappe, faire de la place aux grains restans, faciliter leur plus grande grosseur, prévenir la pourriture qui se met souvent dans les grappes serrées, et enfin pour que les grains ménagés jouissent mieux du soleil, de l'air, de la lumière et acquièrent plus de qualité. 2° Quand le raisin commence à mûrir, on tend sur l'espalier un canevas fin qui n'intercepte que peu ou point l'air, le soleil et la lumière, mais qui empêche les mouches et les oiseaux d'en approcher. 3° Dans le même but, on enferme les grappes dans des sacs de crin, de canevas ou de papier. 4° On tarde le plus possible à cueillir le raisin, et pour cela on commence par empêcher la pluie de tomber dessus; on le couvre de fougère, de paille fine, par dessus quoi on met encore des *paillassons*, si on craint la gelée. Ainsi garanti, le raisin peut souvent ne se cueillir qu'à Noël ou en janvier. 5° Le raisin cueilli avec précaution et porté au logis, on scelle le bout de la queue avec un peu de cire pour empêcher l'évaporation, on le pose doucement sur de la fougère dans une chambre sèche, peu éclairée, où la température est entretenue à quelques degrés au-dessus de zéro, on le visite une fois par semaine pour ôter les grains qui se tachent ou pourrissent. 6° On pend les grappes au plancher ou à des cerceaux avec un fil attaché à leur tête ou à leur petit bout, afin que les grains s'éloignent les uns des autres et ne se pourrissent pas mutuellement. 7° On enferme les grappes dans des caisses, dans des tiroirs où elles sont rangées lit par lit sur et entre de la sciure de bois bien sèche, du son, des balles d'avoine ou de blé, et même entre de la graine de millet; enfin on emploie tous les moyens qui viennent à l'imagination; mais il paraît d'après l'expérience que ceux où le raisin est enfermé le plus hermétiquement ne sont pas les plus efficaces.

Culture forcée. La vigne est une des plantes que l'on force le plus aisément à végéter au milieu de l'hiver par le moyen d'une chaleur artificielle. En Angleterre où la culture forcée est beaucoup plus pratiquée qu'en France, on cueille, dit-on, du raisin mûr dans chaque mois de l'année; à Versailles, on se contente d'en obtenir depuis mars jusqu'à ce que la pleine terre donne. Les Anglais plantent de la Vigne en pots pour pouvoir la chauffer avec plus de facilité; nous autres nous la chauffons sur place et de différentes manières; voici les principales : 1° De novembre à février on place des panneaux vitrés sur un espalier de Vigne, et assez éloignés de la treille par en bas pour qu'une personne puisse passer entre les panneaux et le mur; on établit dans l'intérieur un poèle avec ses tuyaux, on calfeutre bien toutes les issues, et on chauffe en raison de l'époque où l'on veut obtenir du raisin mûr. 2° On plante en ligne et bonne exposition un certain nombre de ceps de Vigne que l'on dirige en cordon ou en éventail; quand cette Vigne est en rapport, on l'entoure d'un fort réchauf de fumier neuf, et on couvre la Vigne avec des panneaux vitrés posés sur le réchauf. 3° On entoure la Vigne de grands coffres en bois; on les couvre de panneaux, on établit un bon réchauf de fumier neuf autour du coffre, et on place un poèle dans son intérieur. 4° On plante de la Vigne tout près du mur d'une serre chaude, on en introduit la tige ou les rameaux dans la serre au moyen de trous pratiqués dans le mur ou ailleurs; enfin l'industrie horticole, aidée d'une pratique éclairée, parvient par ces moyens ou par d'autres à forcer la Vigne à mûrir son raisin plus ou moins de temps avant son époque naturelle de maturité; mais quel que soit le procédé employé, il n'y a guère de succès à espérer sans une grande intelligence et des soins assidus de la part du jardinier.

Je me borne à ces généralités et renvoie aux ouvrages spéciaux pour les détails qu'il aurait été trop long de développer ici.

Raisin précoce.

10

De l'Imprimerie de Langlois

Bouquet Sc.

RAISIN PRÉCOCE.

Vitis præcox. Poit. et Turp.

UN amateur aime à avoir un pied de ce raisin dans son jardin, non à cause de son mérite, car il en a peu, mais à cause qu'il mûrit le premier de tous, et qu'il figure sur la table en attendant le Chasselas. On l'appelle assez communément raisin de la Madeleine, parce que, dans les années favorables, on peut quelquefois en cueillir dès le vingt-deux juillet. Les classificateurs le désignent aussi sous le nom de Morillon hâtif, en ce qu'ils lui trouvent des rapports avec deux ou trois raisins noirs de vignoble qui entrent dans la fabrication du vin; mais il est arrivé, dans la pratique s'entend, qu'on a oublié le sens du mot Morillon, et que les livres et les catalogues relatent des Morillons noirs et des Morillons blancs.

La vigne précoce devient moins grande que la plupart des autres; ses bourgeons élégamment striés de lignes longitudinales, sont d'une grosseur médiocre et prennent une teinte de jaune fauve vers l'époque de la maturité du fruit.

Ses feuilles sont assez grandes, d'un beau vert luisant en dessus, pâles et munies en dessous d'un duvet qui se détache aisément par le frottement; elles sont découpées en cinq lobes peu profondément, bordés de grandes dents inégales terminées par une callosité.

La grappe est petite, très serrée; les grains sont ronds, petits, quelquefois un peu allongés par la pression; leur peau est assez dure, d'un violet noir, recouverte d'une fleur bleuâtre; la chair est verdâtre et l'eau sans couleur, légèrement sucrée. Chaque grain ne renferme ordinairement que deux pepins assez gros.

Comme le principal mérite de ce raisin est sa précocité, on la favorise encore en le plantant en espalier le long d'un mur au midi, où il mûrit quelquefois dans la première quinzaine de juillet. Si on n'en fait pas un objet de commerce, un seul pied suffit dans le plus grand jardin.

En ébourgeonnant et pinçant cette vigne à bonne heure, ses secondes et même ses troisièmes pousses fleurissent dans la même année, et le raisin de la seconde floraison mûrit assez souvent.

Cette seconde fructification ayant été observée il y a une dizaine d'années par des personnes qui ne connaissaient pas le raisin précoce ou de la Madeleine, crurent avoir trouvé une nouvelle vigne; on l'a d'abord préconisée sous le nom de *bifère*, puis ce nom ne faisant pas fortune assez vite au gré des prôneurs, on lui a donné celui de vigne d'Yschia accompagné

K.

d'une description pompeuse. Enfin la société d'horticulture de Paris a fait faire des recherches à Yschia même, et il s'est trouvé que rien de semblable à cette vigne n'existait dans l'île d'Yschia.

En mai 1838, le *Repertorio d'Agricoltura* a indiqué l'existence, en Italie, d'une vigne trifère ou de trois récoltes par an, qui, d'après la description serait tout-à-fait différente de notre vigne précoce, d'abord par des grains plus gros, et surtout par la propriété qu'elle aurait de fleurir et fructifier indéfiniment sur son jeune bois au fur et à mesure qu'il s'allonge, mode qui était encore inconnu dans la vigne. Selon M. Gallesio, cette vigne est connue en Italie sous les noms de vigne trifère, vigne de trois fois l'an, vigne folle, vigne d'Yschia et vigne de Chio.

Teinturier

Poiteau Pinx. De l'Imprimerie de Langlois. Bouquet

RAISIN TEINTURIER.

Vitis tinctoria. Poit. et Turp.

ON nomme ainsi cette vigne, parce que son fruit sert particulièrement à donner de la couleur aux vins qui en manquent; elle est de médiocre vigueur. Ses bourgeons d'abord d'un jaune sale obscur, passent au rouge brun vers la fin de l'été; ils sont tiquetés, striés, garnis de boutons assez gros, velus au sommet, la plupart obtus, rarement un peu aigus, écartés les uns des autres d'environ 8 à 12 centimètres (3 à 5 pouces).

Les feuilles sont petites, profondément découpées en cinq lobes, bordées de dents inégales, un peu lanugineuses en dessus, mais beaucoup plus en dessous où elles paraissent comme doublées d'une toile d'araignée qui se détache par le frottement. Vers le temps de la maturité du raisin, les feuilles sont déjà toutes rouges, et se reconnaissent de très loin parmi les autres.

Les grappes sont généralement petites, assez serrées, point rameuses, longues de 1 décimètre (4 pouces); elles ont le grain rond, noir, couvert d'une fleur bleue abondante; ces grains sont assez égaux en grosseur, et leur diamètre moyen est de 6 à 8 millimètres (7 à 8 lignes).

La chair et l'eau sont rouges dans le grain même, ce qui donne au vin qui en provient cette forte teinte rouge qu'il communique aux autres vins. On ne trouve ordinairement dans chaque grain qu'un ou deux pepins gris de lin, allongés en larmes et marqués d'un écusson sur le dos.

Ce raisin, assez doux, et nullement désagréable à manger, ne se cultive cependant pas pour la table; il mûrit vers le 15 septembre. Comme on l'emploie particulièrement à rehausser la couleur des vins, on le trouve dans presque tous les vignobles. Il a beaucoup de rapports avec les *Meuniers*, autres espèces de raisins de vignobles. C'est le *Noireau* de la Haute-Navarre, le *Furber* de la Moselle, le *Négrier* de Seine-et-Marne. Je lui conserve le nom de Teinturier qu'il porte dans le département de la Vienne, et que lui donnent la plupart des vignerons des environs de Paris.

Muscat Noir.

De l'Imprimerie de Langlois. Bouquet Sculp.

RAISIN MUSCAT NOIR.

Vitis moschata nigra. Poit. et Turp.

Le Muscat noir est moins cultivé dans les jardins que les Muscats blanc et rouge, et cependant il y mûrit mieux que l'un et l'autre. Ses bourgeons sont moins fauves, de médiocre grosseur, finement striés, salis de petits points noirs très nombreux.

Les feuilles sont de moyenne grandeur, d'un vert léger, à lobes peu profonds, mais bordées de grandes dents aiguës; elles ont le dessous presque glabre; à peine y voit-on quelques poils très courts le long des nervures. Le pétiole, cylindrique et assez gros, ponctué de noir, ne se colore pas ordinairement.

La grappe, toujours moins serrée que celle des Muscats rouge et blanc, est longue d'environ 25 centimètres (6 pouces), étroites en raison de sa longueur; ses grains, d'un noir foncé, mais recouverts d'une fleur d'un blanc terne, sont arrondis, tant soit peu allongés: leur hauteur est de 16 à 18 millimètres (7 à 8 lignes); ils ont la peau fine et plus tendre que dans les deux espèces mentionnées ci-dessus. La chair est verdâtre, et l'eau est sans couleur. Chaque grain contient d'un à deux pepins allongés en larme, ayant une arête élevée d'un côté et un petit écusson de l'autre.

Ce raisin est moins musqué que les Muscats blanc et rouge, mais il est plus fin et plus délicat; il mûrit aussi plus aisément et mérite d'être plus multiplié dans les jardins. L'ancienne pépinière du Luxembourg l'avait reçu d'Italie.

Muscat arouya.

131.

Poiteau pinx.   De l'Imprimerie de Langlois.   Schmelz sculp.

RAISIN MUSCAT ARROUYA.

Vitis moschata arrouya. Poit. et Turp.

QUAND, en 1809, Chaptal, comte de l'Empire, sénateur et ministre de l'intérieur, fit établir la pépinière du Luxembourg, on y a rassemblé toutes les Vignes connues dans les Départemens, et le plus qu'on a pu des pays étrangers, dans le but d'en constater le mérite et de faire un choix des meilleures sortes pour les propager. L'idée était bonne, mais Paris n'est pas l'endroit qu'il aurait fallu choisir pour faire cette expérience; son climat n'est pas assez chaud pour que toutes les espèces de Raisin y mûrissent suffisamment et développent les qualités qui les distinguent : aussi la collection de Vignes a-t-elle disparu sans donner de résultats. Parmi toutes ces Vignes il s'en est trouvé une seule dont nos jardins ont dû s'emparer, et qui n'y était pas connue auparavant. Elle venait du département des Hautes-Pyrénées, sous le nom d'Arrouya. Nous avons constaté que son fruit mûrit très bien en espalier à Paris, qu'il est musqué, et nous l'avons signalé aux jardiniers sous le nom de Muscat Arrouya. Aujourd'hui il figure dans quelques catalogues marchands, et se multipliera probablement de plus en plus dans les jardins de Paris et des environs.

Son bois et ses feuilles ne se distinguent guère de ceux de notre Muscat noir. Sa grappe est également noire, mais plus courte et moins serrée; son grain est plus rond, moins noir. Une grappe, quoique mûre, en offre toujours quelques-uns qui conservent une apparence de rouge obscur, soit dans l'ombre, soit dans le reflet : tous d'ailleurs sont couverts d'une fleur bleuâtre qui les harmonise. Ils ont la peau fine et tendre pour des Muscats; leur chair est verdâtre, et leur eau sans couleur. Les pepins sont toujours en petit nombre; enfin cette espèce est plus musquée que notre Muscat noir, mûrit plus aisément à Paris, et mérite d'y être plus multipliée.

Muscat Blanc.

De l'Imprimerie de Langlois. Bouquet sculp.

CHASSELAS MUSQUÉ.

Vitis thomeryana moschata. Poit. et Turp.

JE dois prévenir le lecteur que, par une erreur que je ne conçois pas, le dessin ci-joint porte le nom de Muscat blanc, tandis qu'il était bien dans mon intention qu'il portât celui de Chasselas musqué, parce que c'est celui-ci en effet que le peintre a représenté. Plus tard, sans doute, nous publierons le vrai Muscat blanc, dont les caractères sont fort différens.

Le Chasselas musqué est une variété du Chasselas de Fontainebleau, qui ne s'en distingue guère que par sa grappe un peu plus serrée, et par son grain légèrement musqué. Quoique de bonne qualité, il est peu cultivé, parce qu'à Paris il n'y a pas assez de monde qui aime les raisins musqués.

Muscat Rouge

Poiteau pinx. De l'Imprimerie de Langlois. Bouquet Sculp.

RAISIN MUSCAT ROUGE.

Vitis mohatasc rubra. Poit. et Turp.

LES bourgeons de cette variété sont d'une grosseur moyenne, d'un jaune rougeâtre clair, quelquefois tiquetés dans les stries qui sont étroites et nombreuses.

Les feuilles ont au plus 162 millimètres de longueur, divisées en cinq lobes munis de grandes dents peu nombreuses, terminées par une callosité; la surface supérieure est d'un vert tendre, l'inférieure plus pâle est munie d'un léger duvet cotonneux qui se détache aisément par le frottement. Le pétiole est souvent violet dans une partie de sa longueur.

La grappe est longue de 108 à 162 millimètres, ordinairement moins étroite que le muscat blanc, souvent très serrée, mais quelquefois assez lâche. Les grains sont gros, inégaux, ronds dans une grappe lâche, un peu allongés vers la queue dans une grappe serrée; la peau est épaisse, dure, forte, d'abord d'un rouge de brique, ensuite d'un violet noir foncé, couverte d'une fleur azurée, abondante; la chair est verdâtre musquée, mais ce qui reste à la queue quand on en a arraché le grain, est un peu rouge. Les pepins, au nombre de trois à quatre, sont verdâtres.

Ce raisin mûrit plus aisément que le muscat blanc; mais il est moins bon et en conséquence moins fréquent dans les jardins.

Muscat d'Alexandrie. 367.

Poiteau pinx.t De l'Imprimerie de Langlois. Bocourt sculp.t

RAISIN MUSCAT D'ALEXANDRIE.

Vitis Alexandrina Poit. et Turp.

N ne peut voir de plus beau raisin que le Muscat d'Alexandrie, et les peintres le représentent souvent dans leurs tableaux. Le format de cet ouvrage n'a permis de peindre qu'une grappe de moyenne grosseur, mais on en voit souvent de beaucoup plus volumineuses.

La vigne qui le produit est d'une moyenne vigueur; ses bourgeons ne sont pas très colorés, et outre leurs nombreuses stries longitudinales on leur remarque encore beaucoup de petits points noirâtres.

Ses feuilles sont petites, d'un vert blond, et se panachent de taches jaunes à la fin d'octobre; elles ont les cinq lobes peu divisés et bordés d'une dentelure aiguë; la face inférieure est garnie d'un léger duvet semblable à la toile d'araignée et qui se détache par le frottement.

Le pétiole de ces feuilles, long de 4 à 5 pouces, prend une légère teinte violette, excepté à ses extrémités qui restent d'un vert jaunâtre. Le bouton placé dans l'aisselle du pétiole est gros, ventru, conique, et a toujours quelques pointes d'écailles desséchées au sommet.

La grappe est grosse, longue de 6 pouces et plus, rameuse, attachée à une forte queue bien nourrie qui se colore ordinairement en rouge violet plus ou moins dense; cette grappe n'est pas serrée, et elle permet de voir la rafle et les pédoncules en plusieurs endroits.

Les grains sont gros, ovales, longs d'un pouce sur 10 lignes de diamètre transversal à l'endroit le plus renflé; blanchâtres d'abord par la légère fleur blanche qui les recouvre, ils deviennent d'un jaune roux dans la maturité.

La peau est épaisse, croquante; la chair est ferme, remplie d'une eau sucrée et musquée. On ne trouve ordinairement qu'un ou deux pepins toujours très petits en raison du volume du grain.

Ce raisin mûrit aisément en espalier et en contr'espalier aux environs de Paris. Il est fort bon, et cependant peu multiplié, par la raison sans doute que les Parisiens sont habitués au chasselas et que bien des personnes n'aiment pas les raisins musqués.

Avant sa maturité, on le confond quelquefois avec le verjus, et on l'emploie au même usage. On l'appelle aussi *Passe-longue-musquée,* nom qui désigne sa forme et sa saveur.

Dans les ménages, on met les grains détachés de ce raisin dans des bocaux de verre avec de l'eau-de-vie sans sucre, et après quelques mois on commence à en manger; alors leur peau est devenue encore plus ferme et ils croquent davantage dans la bouche. La force de l'eau-de-vie dont ils se sont imbibés s'est affaiblie à un degré convenable, et ils sont fort agréables aux personnes qui aiment les spiritueux. Mais, dans les maisons distinguées, on convertit le Muscat d'Alexandrie en diverses sortes de confitures; on en fait des tourtes, on les glace avec du sucre. Enfin de quelque manière qu'on arrange ce raisin, il plaît toujours par sa grosseur peu commune et par sa forme agréable.

Cioutat.

860.

De l'Imprimerie de Langlois.

Bocourt sculp.

RAISIN CIOTAT.

Vitis laciniosa. Poit. et Turp.

Ce Raisin est considéré comme une variété du Chasselas blanc. On l'appelle aussi Cioutat, Raisin d'Autriche, Vigne à feuilles de persil. Elle est moins vigoureuse que le Chasselas; ses grappes sont garnies, ses grains plus petits, et d'un rapport rarement aussi abondant que le Chasselas. Quelques personnes trouvent ce Raisin fort bon; mais moi j'assure qu'il est inférieur au Chasselas.

Ce Raisin est très peu multiplié dans les jardins; si on y en trouve quelques pieds, c'est comme objet de curiosité, parce que ses feuilles, par leurs nombreuses découpures, forment un contraste frappant avec les feuilles des autres vignes, et qu'elles plaisent d'autant mieux qu'elles sont plus divisées.

Quelques pepins de ce Raisin ayant été semés en 1807 au potager du roi, à Versailles, ils ont commencé à fructifier en 1811, quatre ans après; je les ai suivis et j'ai vu que ces pepins avaient parfaitement rendu leur espèce. Ainsi, s'il est vrai que le Ciotat soit sorti du Chasselas, voilà encore une loi des botanistes en défaut.

345.

Poiteau pinx.t *Gros Guillaume.* Bocourt sculp.t

RAISIN GROS-GUILLAUME.

Vitis Guilelmi. Poit. et Turp.

J'AURAIS bien voulu trouver une antique et noble origine et de nombreux quartiers à ce beau Raisin, et cependant ce fut en vain que je lui ai cherché des ancêtres parmi les célébrités vinifères. Il n'est pourtant pas tombé du ciel comme jadis tombait la manne pour nourrir le peuple de Dieu, et sans doute quelque coin reculé de nos départemens l'aura vu surgir de terre; mais, quand et comment? où est son berceau? où sont les témoins de sa naissance? en quelle année a-t-elle eu lieu? quel a été son parrain? Rien de tout cela n'a été enregistré. Combien les hommes sont ingrats et combien la Providence est bonne de leur envoyer encore de temps en temps quelque excellent Raisin nouveau pour varier leurs plaisirs et satisfaire leurs goûts aussi variables que leur habillement et leurs opinions..... Halte là! n'aigrissons pas un sujet aussi doux.

Le Gros-Guillaume n'a donc ni patrie, ni auteur de ses jours; il est condamné à s'ouvrir lui-même une carrière par son propre mérite, à en poser le premier jalon et la parcourir avec honneur par ses bonnes qualités. Par bonheur la loi qui nous régit permet au mérite d'arriver à l'illustration, et le Gros-Guillaume, mon protégé, porte en lui-même tout ce qu'il faut pour arriver jusque sur la table des rois. Que d'illustrations anciennes et modernes ne peuvent pas même arriver jusqu'aux portes du Louvre!.... Mais, silence donc, je me surprends toujours à faire des comparaisons qui pourraient me faire comparaître où je ne veux pas paraître.

Si je ne puis assigner une antique et noble origine à mon Gros-Guillaume, je puis du moins certifier l'avoir vu dans la pépinière du Luxembourg en 1807, qu'il y figurait avec distinction et que sa réputation commençait à s'y établir sur des bases solides, quoique par un oubli, involontaire sans doute, on ne l'ait pas porté sur le catalogue de cette pépinière publié en 1809.

Malgré cet oubli, la réputation du Gros-Guillaume a successivement grandi, j'ai continué de le visiter chaque année jusqu'en 1828, époque où la Chambre des Députés n'ayant plus voulu allouer au ministre de l'intérieur la somme nécessaire à l'entretien de la pépinière du Luxembourg, cet établissement, fondé par Chaptal en 1800, a été supprimé après une existence de vingt-huit années. Peut-être un jour trouverai-je l'occasion de rappeler dans cet ouvrage les causes qui ont déterminé la Chambre des Députés à refuser l'allocation nécessaire à l'entretien de la pépinière du Luxembourg, et de faire voir qu'il aurait mieux valu réformer les abus de l'établissement que la pépinière même.

Malgré la réforme, le Gros-Guillaume est resté sur le terrain, et je serais bien étonne qu'on ne l'y trouvât plus aujourd'hui que M. le duc Decazes, grand référendaire de la Chambre des Pairs, a pris les débris de cette pépinière sous sa protection.

Le bois du Gros-Guillaume est d'un jaune rougeâtre et de moyenne grosseur.

Ses feuilles sont grandes, planes, d'un vert tendre en dessus, à cinq lobes assez profonds, bordés de dents aiguës; le pétiole de ces feuilles est court et ordinairement lavé de violet.

Sa grappe est fort belle, grosse, rameuse, longue de six à huit pouces, figurée dans son ensemble en pain de sucre renversé. Les grains en sont gros, ovales, noirs, recouverts d'un bleu azuré qui reflète un peu le violet gorge de pigeon; les plus gros de ces grains ont jusqu'à un pouce de longueur. Leur peau est croquante; elle renferme une chair fondante, verdâtre, et une eau abondante, douce, sucrée et sans couleur; les pepins sont toujours petits, et le plus souvent chaque grain n'en contient qu'un ou deux.

Planté en espalier ou en contre-espalier à l'exposition du midi, le Gros-Guillaume, mûrit complètement à Paris dans la première quinzaine de septembre. C'est le meilleur et le plus beau raisin de l'époque, et qui donne le moyen d'attendre agréablement la maturité du chasselas.

Corinthe blanc. 126.

De l'Imprimerie de Langlois. Bouquet sculp[t]

RAISIN DE CORINTHE BLANC.

Vitis Corinthiaca alba. Poit. et Turp.

N'AYANT pas personnellement usé de la possibilité d'aller à Corinthe, je ne sais si ce petit raisin nous vient de la Grèce. Quoi qu'il en soit, on le trouvait en France au temps de Merlet. Il y en a quatre ou cinq variétés qui forment un petit groupe dans le genre Vigne, et qui se reconnaissent en ce que les grains de leur raisin sont très petits et ne contiennent jamais de pepins. Cette absence constante de pepins n'a pas été jusqu'ici expliquée. On pouvait croire que la cause en était dans quelque imperfection des organes sexuels; mais j'ai toujours trouvé ces organes aussi parfaits que dans les autres espèces.

Il n'y a donc pas moyen de semer du raisin de Corinthe, et nous sommes obligés, pour conserver ceux que nous possédons, de les propager par marcottes ou par boutures.

La vigne qui produit le raisin de Corinthe blanc n'est pas d'une grande vigueur; toutes ses parties sont dans de petites proportions; son jeune bois est ferme, strié et finement ponctué.

Les feuilles sont assez profondément découpées en cinq lobes, garnies en dessous d'un duvet blanchâtre qui se détache par le frottement; outre ce duvet, les nervures sont munies de poils fins et courts. Le pétiole de ces feuilles est assez constamment ponctué, comme la branche qui le porte.

La grappe est longue de trois à cinq pouces, souvent rameuse ou ailée à sa naissance, cylindrique dans le reste, quelquefois très serrée et quelquefois assez lâche.

Les grains sont ronds, de trois lignes de diamètre, rarement plus ou moins marqués au sommet d'un gros point roux; ils sont toujours d'une couleur un peu verte, quoique mûrs, et leur transparence dans l'ombre paraît d'un jaune clair.

La chair est très fondante et l'eau fort agréable.

Ce petit raisin mûrit aisément en espalier dans nos jardins; il précède même le Chasselas à exposition semblable. C'est une curiosité et en même temps un raisin fin agréable. Cependant, un pied suffit, et il ne faut pas lui sacrifier la place que d'autres espèces réclament impérieusement.

On cultive aussi un petit Corinthe blanc qui paraît être une miniature de celui-ci. Sa grappe est si petite qu'on peut la mettre tout entière dans la bouche. Elle mûrit en même temps et a les mêmes qualités. On la trouve figurée dans le TRAITÉ DES ARBRES FRUITIERS, de MM. Poiteau et Turpin.

Le raisin de Corinthe est un de ceux que le commerce nous apporte du Levant à l'état sec. On le fait entrer dans plusieurs sortes de puddings et dans d'autres préparations comestibles.

Merlet décrit un Corinthe rouge qu'on ne voit plus, et Lindley un Corinthe noir, qui n'est pas encore arrivé chez nous.

Selon le même Lindley, l'Angleterre reçoit chaque année, des îles Ioniennes, 6,000 tonneaux de raisin de Corinthe, que l'on vend dans les boutiques de la Grande-Bretagne sous le nom de groseilles.

Un mot de physiologie. — Il n'est pas indifférent de savoir pourquoi les grains du raisin de Corinthe sont toujours si petits, et on me permettra d'en exposer ici la raison probable en quelques lignes. Cette raison, on ne la trouve pas dans les organes sexuels: ils paraissent aussi parfaits que dans les autres vignes, et cependant la fécondation n'a pas lieu, puisque les ovules avortent constamment. Ne pouvant trouver la raison de l'avortement des ovules dans les organes sexuels, c'est dans l'avortement même qu'il faut chercher la cause qui empêche le grain du raisin de Corinthe d'atteindre la grosseur normale des raisins. Déjà le Chasselas et beaucoup d'autres raisins montrent des grains qui, accidentellement, ne contenant pas de pepins, restent aussi petits que les grains du Corinthe. Pourquoi cela? C'est que la graine a la puissance d'attirer à elle beaucoup de nourriture, plus de nourriture qu'il ne lui en faut pour sa propre nutrition, qu'elle détermine des courans de sève de son côté, que ces courans passant par le péricarpe, celui-ci en profite comme un fermier général entre les mains de qui passent les deniers qui doivent se rendre au trésor de l'état. Pas de graines dans un raisin, pas de pompe aspirante, pas moyen au grain de grossir. Je sais pourtant qu'il y a quelques exceptions; où n'en trouve-t-on pas? mais elles sont rares et ne détruisent pas la loi générale que je viens d'exposer.

Petit Corinthe.

219

De l'Imprimerie de Langlois.

Bouquet sculp.t

RAISIN PETIT CORINTHE.

Vitis corinthiaca minima. Poit. et Turp.

LE petit Corinthe n'est évidemment qu'une variété du Corinthe blanc, d'une moindre dimension dans toutes ses parties, notamment dans ses fruits, qui sont une ou deux fois plus petits.

La grappe est une miniature que l'on peut mettre tout entière dans la bouche. Elle mûrit en même temps que les autres Corinthes, et ne leur cède rien pour la saveur.

Les raisins de Corinthe ont le grain petit parce qu'il ne contient pas de pepins; cependant la fleur paraît complète et bien conformée. On ne connaît pas ce qui cause constamment l'avortement des pepins dans les trois sortes de raisin de Corinthe que nous cultivons.

Raisin de Corinthe violet. 106.

De l'Imprimerie de Langlois. Bouquet Sculp.

RAISIN DE CORINTHE VIOLET.

Vitis Corinthiaca violacea. Poit. et Turp.

BEAUCOUP plus grand dans toutes ses parties que celui précédemment décrit, ce Corinthe a ses bourgeons gros, jaunâtres, assez profondément striés.

Les feuilles sont grandes, d'un vert foncé en dessus, découpées en cinq lobes bordés de grandes dents ovales avec une pointe; le côté inférieur est blanchâtre par un duvet épais, moins filamenteux que dans beaucoup d'autres espèces, et qui se détache aisément par le frottement. Outre ce duvet, les angles des nervures sont munies de poils courts et fins.

Les raisins de Corinthe n'ayant jamais de pepins, il était nécessaire de bien examiner leurs fleurs, pour voir si elles n'ont pas quelque imperfection qui les rende ineptes à remplir leurs fonctions. On jugera par la description que je vais en faire qu'il ne leur manque absolument rien.

Les fleurs dans la vigne de Corinthe sont toutes hermaphrodites parfaites, composées chacune d'un calice très petit à cinq dents, d'une corolle à cinq pétales lancéolés, formant une calotte qui enveloppe l'ovaire et les étamines, laquelle calotte se détache par la base et tombe sans que les cinq pétales qui la composent se désunissent; de cinq étamines hypogynes insérées entre cinq glandes qui entourent la base de l'ovaire, lesquelles étamines ont le filet long, divergent, terminé par une anthère jaunâtre, bilobée, biloculaire, et pleine de pollen; d'un ovaire globuleux surmonté d'un stigmate papilleux bien conformé, lequel ovaire est divisé intérieurement en cinq loges contenant chacune un ovule.

On voit qu'il ne manque rien à ces fleurs; et cependant les cinq ovules que contient leur ovaire avortent constamment.

Les grappes du Corinthe violet sont beaucoup plus grosses que celles du Corinthe blanc, et pendent à une longue queue souvent munie de vrilles; elles sont longues de quatre à six pouces, ailées à la tête, étroites dans le reste de leur longueur; les grains sont peu serrés, petits, très ronds, marqués d'un point à leur sommet. Au temps de la maturité, ces grains n'ont que de trois à cinq lignes de diamètre; alors ceux qui sont exposés au soleil deviennent un peu jaunâtres, transparens et se marbrent d'un faible rouge violet adouci par une légère fleur blanchâtre. Dans les années les plus favorables, une partie des grains reste encore verte; cependant ces grains à moitié verts sont assez mûrs pour être mangés avec plaisir.

La peau est un peu ferme, l'eau abondante, agréable, et la chair prend la couleur de la peau.

Ce raisin est sujet à couler, et quand l'automne n'est pas favorable il a de la peine à mûrir. Sa végétation est longue, son bois s'aoûte tard, et souvent les premières gelées le surprennent en sève, tandis que les autres espèces sont déjà au repos. Il faut donc au Corinthe violet une place à l'espalier du midi; il est d'ailleurs très fertile et un seul pied suffit pour une grande maison.

Chasselat de Fontainebleau.

A. Chazal pinx. De l'Imprimerie de Langlois. Vivar sculp.

N.43

CHASSELAS DORÉ,

CHASSELAS DE FONTAINEBLEAU.—BAR-SUR-AUBE.

Vitis mensarum. Poit.

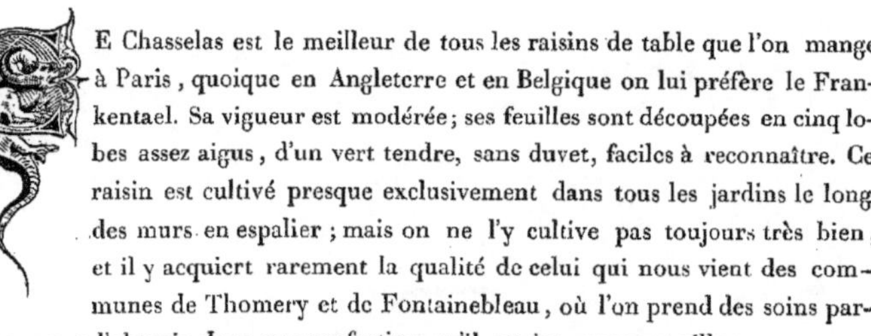

LE Chasselas est le meilleur de tous les raisins de table que l'on mange à Paris, quoique en Angleterre et en Belgique on lui préfère le Frankentael. Sa vigueur est modérée; ses feuilles sont découpées en cinq lobes assez aigus, d'un vert tendre, sans duvet, faciles à reconnaître. Ce raisin est cultivé presque exclusivement dans tous les jardins le long des murs en espalier; mais on ne l'y cultive pas toujours très bien, et il y acquiert rarement la qualité de celui qui nous vient des communes de Thomery et de Fontainebleau, où l'on prend des soins particuliers pour l'obtenir dans une perfection qu'il atteint rarement ailleurs.

Le dessin ci-joint représente une grappe de Chasselas de Fontainebleau en état de maturité; on voit d'abord que c'est un raisin blanc, à grappe allongée, rameuse ou ailée, à grain rond, qui devient jaunâtre, transparent, même un peu roux par son exposition au soleil, ce qui en augmente la qualité.

Les habitans de Thomery, dont toute l'industrie se concentre sur la culture du Chasselas visent d'abord à ce qu'il ne pousse pas trop vigoureusement et à ce que ses rameaux ne s'étendent pas très loin. Quand les grappes sont trop nombreuses ils en suppriment une partie, et quand le grain est parvenu au quart ou au tiers de sa grosseur, ils en suppriment avec des ciseaux le quart ou même le tiers en différentes fois pour faire de la place aux restans, et afin qu'ils grossissent davantage et soient mieux frappés de l'air, du soleil, auquel cependant on ne les expose entièrement que peu de temps avant la maturité, en ôtant les feuilles qui protégeaient les grappes.

Il y a, même à Thomery, deux variétés de Chasselas: l'une a la peau du grain molle et ne se déchire pas avec bruit sous la dent; l'autre a la peau plus ferme, plus résistante et se déchire avec bruit sous la dent lorsqu'on le mange; celui-ci est dit croquant; c'est une qualité de plus au goût des connaisseurs, et que tout le monde reconnaîtrait si on y faisait attention.

Le Chasselas n'est pas un raisin très charnu, son grain est rempli d'une eau, limpide, douce, sucrée, excellente. Les guêpes, les oiseaux en sont très friands. Pour le garantir de leur voracité, on tend des toiles légères au-devant à l'époque de la maturité, on enferme chaque grappe dans un sac de crin ou de papier, et elles peuvent rester sur la treille jusqu'aux gelées, on les y conserve même jusqu'à Noël en les préservant des premières gelées avec de la fougère ou autre couverture. Enfin on les cueille pour les rentrer dans la fruiterie ou autre lieu, où avec des soins on en conserve jusqu'en mai.

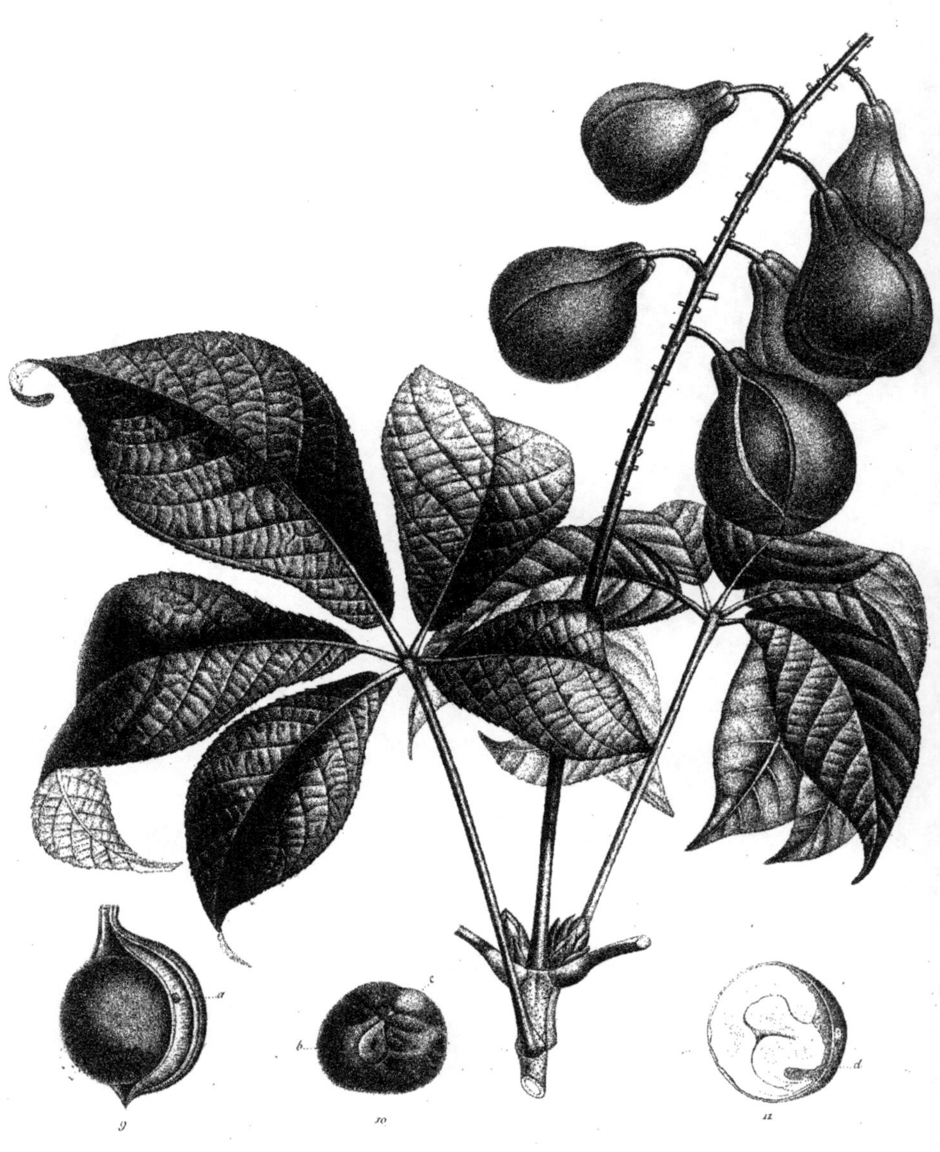

Pavia doux.

18

Bessa Pinx. — De l'Imprimerie de Langlois — Bouquet Sculp.

PAVIA DOUX.

Pavia macrostachia. Poit. et Turp.

CETTE seule espèce de Pavia mérite d'être élevée au rang d'arbre fruitier; elle a été découverte en 1792, par André Michaux dans l'Amérique septentrionale sur les bords du fleuve Savannah, près la petite ville d'Augusta, en Georgie. Ce botaniste en envoya aussitôt en France des graines et de jeunes pieds qui ont très bien réussi, et qui depuis ce temps contribuent à l'ornement des jardins. A son retour à Paris, Michaux, à l'aide de Richard, publia sa *Flora boreali-americana,* dans laquelle il désigne cette nouvelle espèce sous le nom d'*Æsculus macrostachia,* et ne lui attache qu'une petite phrase botanique, suffisante, il est vrai, pour la distinguer de ses congénères, mais qui laisse tout à désirer sur le mérite et les usages de l'arbrisseau.

En 1806 il en existait dans la pépinière du Muséum d'histoire naturelle un pied assez fort qui a donné des fruits pour la première fois. Le nommé Noël, pépiniériste de cet établissement, les recueillit et expérimenta que les petits marrons que ces fruits renfermaient étaient doux à manger crus, et qu'ils étaient excellens mangés rôtis comme des châtaignes. Deux ans après, j'ai publié la découverte du sieur Noël, et donné à la plante le nom de Pavia doux, en l'élevant au rang des arbres fruitiers.

Le Pavia doux est un arbrisseau traçant, touffu, qui s'élève de 1 m. 625 millim. à 3 m. 250 millim. (5 à 10 pieds), et qui produit chaque année dans les terrains frais et substantiels plusieurs drageons de ses racines: son bois est élastique; ses bourgeons de l'année sont d'un vert jaunâtre ou lavés de brun, garnis de gros boutons oblongs, non visqueux, différence qui distingue encore les Pavia des Marronniers avec lesquels les anciens botanistes les confondaient.

Les feuilles sont opposées et digitées, composées de cinq folioles oblongues, rétrécies vers la base en forme de coin allongé, finement dentées, d'un beau vert en dessus et légèrement cotonneuses en dessous; la foliole intermédiaire est longue de 18 à 19 centim. (6 à 7 pouces); les autres se rapetissent à mesure qu'elles s'en éloignent.

Les fleurs, disposées en longues grappes spiciformes terminales, droites, longues de 3 à 600 millim. (1 à 2 pieds), s'épanouissent en juillet; elles sont blanches, un peu lavées de rose à la base et produisent un très bel effet.

Après la fécondation, les ovaires du petit nombre de fleurs parfaites (car les cinq sixièmes n'ont pas de pistil) se changent en fruits capsulaires, coriaces, gros comme des noix, de la forme d'une bouteille ou d'une calebasse, d'un vert roussâtre, couverts d'un duvet plus roux, marqués de trois sillons et de six loges à la base, terminés à la tête par une petite pointe qui est le reste du style desséché.

La maturité de ces fruits arrive vers le commencement de septembre : alors ils s'ouvrent ordinairement d'un seul côté, quoiqu'ils dussent naturellement s'ouvrir en trois valves, parce qu'au lieu de contenir chacun six graines, ils n'en contiennent que deux ou trois, qui sont arrondies ou diversement comprimées, revêtues d'une peau de la consistance et de la couleur de celle des marrons.

Ces petits marrons, mangés crus, ont un goût approchant de celui de la noisette; rôtis ou cuits sous la cendre, ils sont excellens : leur substance un peu charnue les rend bien supérieurs aux châtaignes qui sont naturellement sèches et farineuses. Il faut les semer peu de jours après leur récolte, car ils perdent promptement leur propriété germinative.

Explication des figures.

9. Un marron et une valve du fruit qui le recouvre. On voit que ce marron en grossissant a repoussé le cloison du côté d'un autre marron *a* qui ne s'est pas développé.

10. Marron nu montrant l'ombilic *b* au milieu d'un grand hile et le micropile *c*.

11. Coupe d'un autre marron montrant que les cotylédons sont diversement ployés, et que la radicule, grande et conique, est dirigée vers le micropile *d*.

Pavia doux.

De l'Imprimerie de Langlois

Bouquet Sc.

PAVIA DOUX.

Pavia macrostachia. Mich.

OUR compléter l'histoire de cet arbrisseau intéressant, il semble nécessaire de donner la figure d'une des grappes de fleurs dont il se couvre chaque année dans le mois de juillet, et les détails botaniques de l'une de ces fleurs.

EXPLICATION DES FIGURES.

1. Fleur complète de grandeur naturelle.
2. Pistil seul.
3. Coupe verticale d'une fleur très grossie, montrant deux ovules dans chaque loge de l'ovaire, l'insertion des étamines et des pétales.
4. Coupe horizontale d'un ovaire grossi, montrant que les cloisons émanent des valves, qu'elles ne sont que contiguës au centre, et que, faisant l'office de réceptacle, elles portent chacune deux ovules.
5. Fleur incomplète de grandeur naturelle, dans laquelle on ne trouve qu'un rudiment d'ovaire sans style.
6. Calice seul.
7. Ovaire imparfait d'une fleur stérile.
8. Coupe verticale du même ovaire, grossi.

GENRE CORNOUILLER.

CE genre appartient à la famille des *Hédéracées*, et se compose d'un certain nombre d'arbres et arbrisseaux, indigènes et exotiques, à feuilles simples, opposées, rarement alternes et dont le caractère commun est d'avoir : 1° un calice supère campaniforme, à quatre dents; 2° quatre pétales oblongs insérés à l'orifice du calice; 3° quatre étamines alternes avec les pétales, 4° un ovaire adhérent surmonté d'un style court, 5° un drupe ovale, charnu, contenant un noyau osseux à deux loges monospermes.

HISTOIRE, USAGE ET CULTURE.

De tous les Cornouillers connus, un seul a les fruits comestibles : c'est celui que les botanistes appellent *Cornus mas*, Cornouiller mâle; dénomination fort mauvaise sans doute, puisque ses fleurs sont hermaphrodites comme celles de tous ses congénères. Cette dénomination est un reste du temps où l'on désignait par *mâle* l'individu plus fort, plus gros ou plus vigoureux que les autres espèces de son genre. C'est ainsi que le vulgaire, toujours imbu de cette idée, appelle chanvre mâle, le chanvre femelle, parce que les pieds femelles ou qui portent les graines sont, dans cette espèce, plus gros que ceux qui portent les fleurs mâles.

Le cornouiller mâle croît naturellement dans les différentes parties de l'Europe. C'est un arbre que l'on trouve plutôt isolé qu'en famille, quoiqu'il pullule considérablement du pied et que les oiseaux en dispersent les graines. Sa croissance est très lente; sa hauteur dépasse rarement trente pieds, et quand son diamètre a atteint deux pieds près du sol, il est très gros. Il vit plus long-temps qu'aucun arbre européen, et la dureté de son bois ne le cède en rien à celle du Buis, du Cormier et de l'If. C'est à sa dureté, que l'on a comparée à celle de la corne, qu'il doit son nom de *Cornus*. D'après Virgile, les anciens en faisaient des dards, et c'est à-peu-près tout ce que l'antiquité nous a transmis de son histoire. Bosc dit que les Cornouillers qu'il a observés dans la forêt de Montmorency vers 1793, avaient plus de mille ans; la lecture de quelques titres lui a appris qu'ils avaient été plantés là, à cette époque reculée pour servir de bornes ou de ligne de démarcation entre les bois du duché de Montmorency et ceux du prieuré de Sainte-Radegonde.

Le bois du Cornouiller, étant bien sec, pèse 69 livres, 9 onces, 5 gros par pied cube; il prend un très beau poli et casse difficilement; son aubier est rougeâtre et son cœur brun; on en fait de jolis ouvrages au tour; mais il faut ne l'employer que fort sec, autrement il se tourmente et se fend. Ses jeunes pousses étant fortes et en même temps élastiques, font d'excellens manches de fouet, et ses brindilles servent à faire des balais dans les endroits où il n'y a pas de bouleaux.

Ses fleurs, petites, jaunes, disposées en ombelles, se développent avant les feuilles dès la fin de l'hiver, saison où il n'y a guère d'autres fleurs, et sont avidement recherchées par les abeilles qui y trouvent un riche butin. Comme cet arbre fleurit abondamment chaque année, il n'est pas sans agrément à l'époque où l'on attend le retour du printemps, et vers la fin d'août, les fruits nombreux dont il se couvre, semblables à de petites olives du plus beau rouge, mêlés à la verdure de son feuillage, lui donnent encore d'autant plus d'intérêt que, lorsqu'ils sont bien mûrs, on les mange avec plaisir. Dans cet état ils se détachent aisément d'eux-mêmes et tombent. On en fait des confitures, des marmelades, des liqueurs vineuses, diverses préparations médicinales rafraîchissantes, ou astringentes si on les emploie avant leur parfaite maturité. Leur amande donne de l'huile.

Le Cornouiller mâle a quelques variétés à fruit plus gros, rouge ou jaune, et ce sont ces variétés que l'on cultive, soit en semant les noyaux, soit en prenant des drageons à leur pied, soit en greffant de leurs rameaux sur un Cornouiller sauvage. Son éducation est fort simple ; une fois planté, il n'exige plus aucun soin, et il vit des siècles avec une santé toujours robuste.

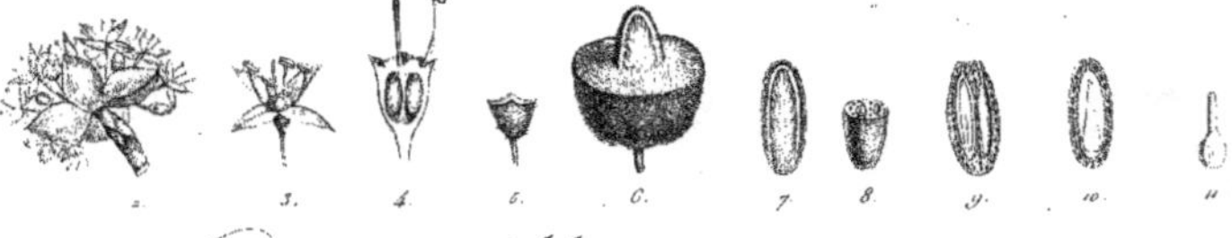

Cornouiller Cultivé.

78.

De l'Imprimerie de Langlois

Bouquet Sc.

CORNOUILLER CULTIVÉ.

Cornus sativa. Poit. et Turp.

N ne peut douter que ce Cornouiller ne soit l'espèce des bois, perfectionnée par la culture ou seulement par la fertilité du terrain où il se trouve, car je me rappelle d'avoir vu autrefois des Cornouillers, près Soissons, qui certainement n'avaient jamais été plantés ni soignés d'aucune manière, et qui pourtant donnaient des fruits aussi gros et aussi succulens que ceux de la planche ci-jointe. Ces arbres, vu leur grosseur, devaient être très vieux, et c'est probablement à leur grandeur qu'il faut rapporter la grosseur et la douceur de leurs fruits.

Un pied de Cornouiller une fois amélioré, conserve, dans les jardins, sa supériorité sur celui qui ne l'est pas: toutes ses parties sont constamment plus grandes; ses bourgeons effilés, d'un rouge violet, sont munis de poils couchés extrêmement fins qui les rendent comme marbrés; la vieille écorce des rameaux est blanchâtre, celle du tronc noirâtre et crevassée.

Les feuilles sont opposées, ovales-oblongues, plus grandes et d'un vert plus gai que dans celui des bois, arrondies à la base, terminées au sommet en pointe assez longue; elles ont les deux surfaces munis de petits poils fins, couchés comme ceux des rameaux, plus nombreux sur les nervures que sur le reste.

Les fleurs n'offrent pas de différence sensible; elles sont peut-être un peu plus grandes, et s'épanouissent quelques jours plus tôt.

Les fruits sont d'un beau rouge, une fois plus gros que ceux des bois, beaucoup plus succulens et plus doux; il mûrissent vers la fin d'août, environ quinze jours avant ceux des bois, et tombent de l'arbre aussitôt qu'ils ont acquis la maturité convenable. Les collerettes qui enveloppaient les fleurs persistent jusqu'après la chute des fruits.

Explication des figures de la planche ci-contre.

1° Ombelle de fleurs à quatre rayons, de grandeur naturelle.
2° Ombellule grossie, vue en dessous.
3° Fleur isolée, grossie.
4° Coupe verticale d'un ovaire montrant ses deux loges.
5° Ovaire couronné par les quatre dents du calice.
6° Fruit coupé en travers pour faire voir le noyau qu'il contient.

7° Noyau isolé.

9° Le même coupé verticalement montrant deux loges, dont l'une contient un embryon parfait, et l'autre un embryon avorté.

10° Embryon parfait dans sa loge entouré d'un périsperme.

11° Embryon isolé, montrant par en bas ses deux cotylédons, et par en haut sa longue radicule.

ASSIMINIER.

Assimina. Adanson.

GENRE de la famille des Anones, composé de quelques arbrisseaux ou petits arbres à feuilles simples, à fleurs solitaires, axillaires, tous originaires de l'Amérique Septentrionale, et dont le caractère commun est d'avoir :

1° Un calice composé de trois folioles ovales, concaves, tombant avec les pétales.

2° Une corolle companulée à six pétales cordiformes, concaves, nervés, dont trois intérieurs plus petits et plus onguiculés.

3° Un très grand nombre d'étamines (deux cents selon Adanson) insérées au réceptacle; elles ont les filets très courts, peu apparens, les anthères grandes, en forme de massue, biloculaires, à loges latérales, contenant un pollen dont les globules se tiennent et semblent former de petites chaînes.

4° De quatre à huit ovaires, oblongs, multiloculaires, légèrement pédicellés, pubescens, entourés des étamines, posés au sommet du réceptacle commun, et surmontés chacun d'un stigmate ovale et sessile.

5° D'un à huit fruits distincts (rarement plus de trois par avortement), divergens, oblongs ou plus souvent de la forme d'un rein, pulpeux (à douze loges transversales selon Adanson), ne s'ouvrant pas, marqués sur la longueur du côté extérieur d'une arête ou légère élévation formée par le placenta où sont attachées les graines.

6° Une douzaine de graines, grosses, ovales, comprimées, revêtues d'une membrane dure, coriace, luisante en dehors, tapissées intérieurement de lames nombreuses, parallèles, qui s'incrustent dans autant de sillons profonds à la surface d'un grand périsperme corné. Je n'ai pu trouver d'embryon dans aucune des graines récoltées en France, mais d'après les rapports naturels, je ne doute pas qu'il ne soit très petit, logé dans le bout du périsperme près de l'ombilic, et que sa radicule ne soit tournée vers cet organe.

HISTOIRE, USAGE ET CULTURE.

L'Assiminier a été considéré par Linné comme une espèce d'Anone, et nommé par lui *Anona triloba,* par allusion aux trois fruits qui succèdent souvent à chaque fleur, et qu'il a considérés comme trois lobés d'un même fruit. Adanson ayant trouvé que ses fruits l'éloignaient de celui des Anones, en a fait un genre sous le nom d'*Assimina,* nom canadien dont la signification n'est pas connue. Vint ensuite Persoon qui, ne connaissant pas le genre d'Adanson, a fait de cet arbre son genre *Porcellia*, en l'honneur de A. Porcel, Espagnol amateur de botanique. Enfin vint Richard qui, je ne sais pourquoi, ajouta à tous ces noms génériques celui d'*Orchidocarpon*, tiré de la figure du fruit. Malgré tant de noms nouveaux, on appelle encore très souvent ce petit arbre *Annona triloba*.

Selon Richard, l'Assiminier a fructifié pour la première fois à Trianon en 1779. Duhamel dit que, de son temps, il en existait un fort pied au Château de la Galissonnière près de Nantes; mais il n'avait pas connaissance que cet arbre ni aucun autre de son espèce eût encore fructifié en France. Je le désigne ici sous le nom d'Assiminier de Virginie, 1° parce que je l'ai observé en grande quantité en Virginie dans tous les bois frais, notamment sur les rives du Potomak depuis l'embouchure de ce fleuve dans la baie de Chesapeak jusqu'à Federal City, où on le trouve bien plus fréquemment que dans le Maryland et la Pensylvanie; 2° parce qu'il me semble que la figure de Catesby, à laquelle on rapporte l'*Annona triloba*, figure qui a été copiée par Trew et par Duhamel, représente une autre espèce que la mienne. Les fruits de mon dessin sont exactement de la même grosseur, de la même couleur et ont la même direction que ceux que j'avais vus et mangés en Amérique, tandis que ceux de Catesby sont pendans, infiniment plus gros et d'une couleur jaune; d'ailleurs cet auteur les fait précéder par des fleurs d'un jaune verdâtre, tandis que les fleurs du mien sont d'un pourpre noirâtre.

Les botanistes ne paraissent pas encore tout-à-fait d'accord sur l'organisation interne du fruit de l'Assiminier. Catesby, Adanson et les auteurs de la Flore du Pérou le divisent en douze loges et placent les loges sur deux rangs. Michaux, dans sa Flore de l'Amérique boréale, place les loges sur un seul rang, et n'en détermine pas le nombre; cet auteur est d'ailleurs le premier qui ait avancé que les graines de l'Assiminier soient arillées. J'ai moi-même observé ce fruit avec attention, et je crois être en état d'assurer qu'il règne dans la longueur de son côté extérieur un placenta, auquel les graines sont attachées sur une seule ligne chacune par un court cordon ombilical, et que ses graines, en s'écartant alternativement les unes à droite et les autres à gauche par leur extrémité opposée à l'ombilic, paraissent placées sur deux rangs dans l'intérieur du fruit, quoiqu'elles aient toutes leur point d'attache sur la même ligne. Je me suis même assuré que ce que Michaux nomme arille n'est autre chose que la paroi membraneuse des loges.

Dans son pays, le fruit de l'Assiminier est peu recherché comme aliment: c'est un fruit de fantaisie qui est si fade qu'on n'en mange guère deux de suite.

Jusqu'ici l'Assiminier n'est guère cultivé dans nos jardins que comme arbre d'ornement; il aime l'ombre et la terre fraîche. Sa multiplication n'a eu lieu jusqu'à ces derniers temps que par les graines qu'on recevait du pays, parce que la marcotte et la bouture ne réussissaient pas. Mais aujourd'hui on sait que presque tous les arbres peuvent se multiplier par tronçons de racine bouturées, et on en multiplie beaucoup par ce moyen. Celui-ci aime la terre de bruyère dans sa jeunesse, la terre humide et l'ombre en tout temps.

Assiminier de Virginie 54.

Poiteau Pinx. De l'Imprimerie de Langlois. Bouquet Sc.

ASSIMINIER DE VIRGINIE.

Assimina Virginiana. Poit. et Turp.

CET arbre, d'un bois mou et flexible, s'élève à la hauteur de 4 à 5 mètres (12 à 15 pieds), sur une tige simple ou divisée dès la base en plusieurs branches rameuses, un peu divergentes; son écorce est épaisse, grisâtre sur le vieux bois, rougeâtre sur les jeunes bourgeons.

Pendant l'hiver, les feuilles sont équilatères dans leur involution; après leur développement, elles sont alternes, pubescentes, un peu rousses dans leur jeunesse, ensuite vertes, glabres, planes, distiques, oblongues, élargies dans la partie supérieure, entières en leur bord, longues de 18 à 24 centimètres (6 à 8 pouces), portées sur de très courts pétioles dénués de stipules.

Les fleurs naissent avec la pousse actuelle, mais elles ne se développent pas dans la même année; elles restent jusqu'au printemps suivant sous la forme de petits boutons ronds, axillaires et solitaires, recouvertes seulement de deux écailles vertes. Si on veut les examiner en juillet, on les trouvera d'un pourpre noir, très velues, et on pourra en compter toutes les parties. Au printemps suivant, leur pédoncule s'allonge, elles se dégagent de leurs écailles, s'inclinent vers la terre, se développent et acquièrent une largeur de 3 centimètres (1 pouce au moins); elles ont alors le pédoncule et le dehors du calice velus, les pétales d'un pourpre rembruni et très veinés; les étamines jaunâtres, rangées autour des ovaires qui sont un peu plus longs qu'elles, et terminés en stigmate d'un vert foncé.

Quoique chaque fleur contienne de quatre à huit ovaires, il n'en persiste ordinairement que d'un à trois qui se changent en autant de fruits pulpeux, indéhiscens, longs de 4 à 6 centimètres (1 à 2 pouces), sur 3 à 5 centimètres (1 à 1 pouce 1/2) d'épaisseur, un peu courbés en rein, divergens, marqués du côté extérieur d'une arête peu sensible; ils ont la peau lisse, d'un vert pâle, même dans la plus grande maturité.

La chair est d'un vert jaunâtre, beurrée, fondante, d'une saveur un peu trop douce, cependant on y retrouve le goût de l'*Avocat, Laurus persea*, c'est-à-dire celui du beurre et de la noisette. Un fruit bien venu contient une douzaine de graines qui ont assez la forme et presque la grosseur d'une fève de marais; elles sont comprimées, très dures, brunes, marquées de lignes transversales plus brunes; leur intérieur est une substance coriace, sèche, qui a un goût aromatique très agréable. Je n'ai jamais pu découvrir d'embryon dans aucune graine provenant des arbres cultivés à Paris et dans ses environs.

Vu l'arôme agréable de la matière périspermique de ces graines, il est permis de penser que si on les traitait comme le café, on pourrait en obtenir une liqueur non moins agréable.

EXPLICATION DES FIGURES.

a. Fleur entière vue de face.

b. Calice contenant les ovaires et les étamines.

c. Une étamine très grossie répandant son pollen sous forme de petites chaînes.

d. Réceptacle grossi sur lequel il ne reste que les ovaires.

e. Coupe circulaire d'un fruit au milieu duquel est une graine en partie découverte.

f. Graine entière à l'ombilic de laquelle reste attachée une portion de la paroi interne de sa loge.

g. Coupe verticale d'une graine récoltée en France, et qui est absolument dénuée d'embryon, si cet embryon existait, il serait très petit et logé dans le bas du périsperme.

GENRE FRAMBOISIER.

CE genre a les plus grands rapports avec les fraisiers, et comprend plusieurs arbrisseaux et arbustes des deux mondes, dont le caractère commun est d'avoir :

1° Un calice profondément divisé en cinq découpures lancéolées, aiguës, persistantes, très ouvertes.

2° Cinq pétales alternes avec les divisions du calice, et insérés à son orifice.

3° Un nombre indéterminé d'étamines (vingt au moins) attachées au même lieu que les pétales, dont les filets, élargis à la base, sont atténués en alène au sommet, et terminés chacun par une anthère ovale à deux loges.

4° Un ovaire libre, composé de plusieurs petits péricarpes munis chacun d'un style latéral, simple, de la hauteur des étamines, terminé par un stigmate obtus.

5° Une baie composée, ovale, supportée par un carpophore, formée d'autant de petites baies qu'il y avait d'ovules dans la fleur. Chacune de ces petites baies se distingue par un mamelon au centre duquel se trouve une petite graine dure, chagrinée, et qui a la forme d'un haricot.

La principale différence générique qu'il y a entre les framboisiers et le fraisier, c'est que les premiers ont les graines renfermées dans la pulpe du fruit, et que les dernières les ont attachées à nu sur le fruit.

Il croît des framboisiers dans presque toutes les parties du monde. Des soixante-dix ou quatre-vingts espèces relatées dans les répertoires des botanistes, nous ne cultivons guère que le framboisier du Mont-Ida, *Rubus idœus,* et ses variétés au nombre de trois ou quatre. Les Anglais, plus curieux que nous, en cultivent vingt-deux variétés. Ce sont des arbrisseaux à racine vivace, traçantes, à tiges simples, hautes d'un à deux mètres, armées d'aiguillons élargis à la base, et ornées de feuilles trifoliées.

Culture. La multiplication du framboisier par graines est négligée en France, quoique ce moyen puisse faire obtenir de nouvelles variétés; mais on le propage aisément et promptement par les drageons qui s'élèvent abondamment de ses racines traçantes. Dans l'automne ou au printemps on arrache ces drageons, on les rabat à deux ou trois pieds et on les plante en quinconce dans une terre bien labourée et ameublie à 1 ou 2 mètres (3 à 6 pieds) de distance; pour avoir des buissons bientôt formés comme ceux cultivés en plein champ aux environs de Paris, il faut planter ensemble trois de ces drageons.

Quoique le framboisier aime mieux une bonne terre qu'une médiocre, on le relègue presque toujours dans cette dernière, même dans une mauvaise; le coin le moins évident d'un jardin; l'exposition au septentrion ou aucun fruit ne mûrit sont ordinairement occupés par le framboisier, qui s'en accommode fort bien, donne beaucoup de fruits, mais moins savoureux qu'à une meilleure exposition.

A la fin de l'hiver, on coupe rase terre toutes les tiges qui ont porté fruit, et qui alors sont desséchées, et on raccourcit l'extrémité des tiges nouvelles afin de les forcer à se ramifier et à produire une plus abondante récolte l'été suivant, et quand tout le bois mort est enlevé, on donne un labour à la houe fourchue.

Cependant, si l'on cultive le flamboisier des Alpes, qui produit deux fois par an, il ne faudrait pas supprimer les tiges qui ont commencé à donner du fruit à l'automne, parce qu'elles en donneront encore l'été suivant : on les reconnaît en ce qu'elles ne sont pas mortes.

Le framboisier par ses nombreux drageons épuise bientôt la terre, et il faut le changer de place au bout de six ans si on veut que son fruit ne rapetisse pas.

Usage. Les feuilles du framboisier sont détersives et astringentes. Elles peuvent être substituées à celles de ronce pour les gargarismes dans les maux de gorge ou de gencives. On a vanté les fleurs infusées dans l'eau pour les érysipèles et l'inflammation des yeux, mais cette propriété leur est aujourd'hui contestée.

Le fruit se sert sur les tables seul ou plus souvent mêlé avec des fraises auxquelles il communique son parfum; on en fait des compotes, des pâtes, d'excellentes confitures qui se conservent très bien, mais qui sont difficiles à faire. Il entre dans les confitures et la gélée de groseille; son jus cristallisé est très commode en voyage pour avoir sur-le-champu ne liqueur agréable et rafraîchissante. On fait aussi avec la framboise, la groseille et du vinaigre, un sirop excellent en été pour calmer la soif, et utile dans les fièvres putrides et bilieuses.

Framboisier à Fruit rouge. 5.

De l'Imprimerie de Langlois Bouquet Sc.

FRAMBOISIER A FRUIT ROUGE.

Rubus Idæus, Poit. et Turp.

Il ne faut pas croire que le framboisier ne se trouve que sur le Mont-Ida, ainsi que l'indique son nom latin, puisqu'il se développe partout où l'on vient d'abattre une forêt, que le lieu soit haut ou bas, à moins qu'on ne s'en rapporte au témoignage de Suidas, qui assure que tous les lieux d'où l'on apercevait une grande étendue de pays étaient appelés *Idæ*, soit parce qu'on les découvre de loin, soit à cause des belles vues qu'ils offrent aux voyageurs.

Le framboisier, depuis long-temps cultivé, a produit plusieurs variétés dont les fruits sont plus gros que ceux que l'on trouve dans les clairières des bois, et la planche ci-jointe représente une de ses variétés perfectionnées. Ses racines sont nombreuses, tracent au loin sous terre, et produisent à chaque printemps un grand nombre de tiges qui meurent et se dessèchent le second hiver, après avoir rapporté du fruit une seule fois; de sorte que cette espèce devrait être considérée plutôt comme une plante vivace que comme un arbrisseau.

Ses tiges, ordinairement simples, assez droites, hautes de quatre à cinq pieds, armées d'un grand nombre d'aiguillons, sont d'une nature plus herbacée que ligneuse, couvertes d'une écorce cendrée, et ordinairement lavées de rouge du côté du soleil.

Les feuilles naissent alternes et pétiolées; les inférieures sont composées de cinq folioles, et les supérieures de trois, toutes ovales et acuminées, vertes en dessus et blanchâtres en dessous, et leur pétiole est aiguillonné.

De chaque aisselle des feuilles supérieures naissent deux boutons; l'un plus gros, comprimé, composé d'écailles aiguës, doit produire une branche à fruit; l'autre placé derrière le premier, immédiatement sous le pétiole, est beaucoup plus petit, et ne doit produire qu'une feuille.

Au printemps les boutons supérieurs des tiges se développent en petites branches portant des fleurs terminales et axillaires, disposées en panicules, dont les divisions et sous-divisions sont munies d'écailles lancéolées. Ces fleurs sont d'un blanc sale et ont très peu d'apparence; leurs pétales sont étroits et tombent promptement après la fécondation. Les divisions du calice varient au nombre de cinq à huit, et se réfléchissent en arrière au temps de la maturité du fruit, qui arrive en juin.

Le fruit, appelé framboise, formé de l'agrégation de plusieurs petites baies monospermes est rouge, d'une forme ovale arrondie, supporté par un trophosperme centrale duquel il se détache dans la maturité.

Tout le monde aime le parfum délicat et agréable de la framboise, lorsqu'elle est cueillie et mangée à propos ; un peu trop mûre, elle est insipide et sujette aux vers. Quelquefois les punaises des bois lui communiquent leur odeur infecte.

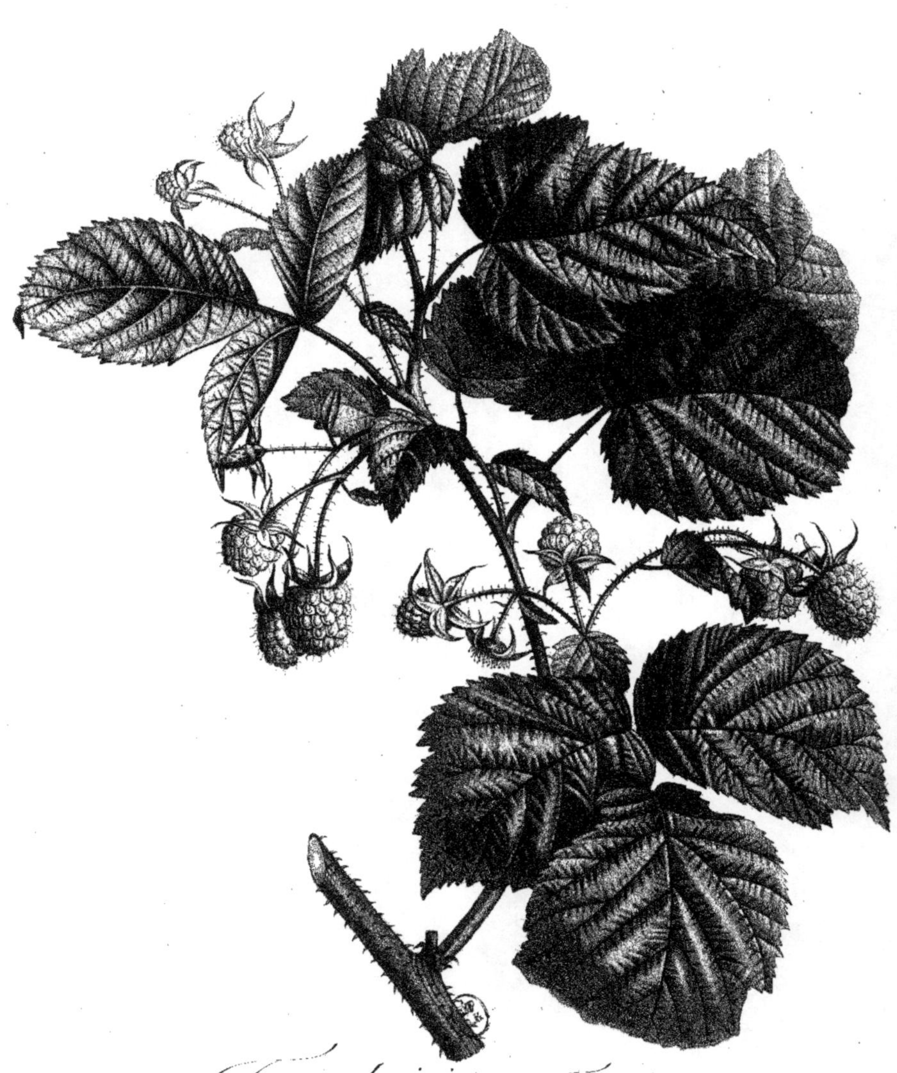

Framboisier à Fruit blanc. 6

De l'Imprimerie de Langlois. Bouquet Sc.

FRAMBOISIER A FRUIT BLANC.

Rubus idœus fructu alba. Poit. et Turp.

LINNÉ est le premier, je crois, qui ait établi en principe que les fruits blancs étaient moins savoureux ou moins sapides que les fruits rouges, et il cite plusieurs exemples à l'appui de son opinion, qu'il voulait convertir en règle générale. Or comme le goût est pour quelque chose dans une question de cette nature, il est arrivé que la règle établie par Linné souffre beaucoup d'exceptions, et qu'il y a des goûts qui trouvent certains fruits blancs plus acides que certains fruits rouges. Je ne veux entrer en cause ni pour ni contre, mais j'affirme que Linné a raison au sujet de la framboise blanche; elle est certainement moins savoureuse que la framboise rouge.

Mais je soulèverai une autre question que je ne prétends pas convertir en règle générale, mais qui me paraît cependant digne d'être signalée; c'est que, parmi les variétés à fruit rouge et à fruit blanc, il est toujours possible de prédire à l'inspection de la tige, si la plante produira des fleurs ou des fruits rouges, ou bien si elle produira des fleurs blanches et des fruits blancs. Au milieu de l'hiver on sait si un laurier rose produira l'été suivant des fleurs roses ou blanches; on sait si un groseiller produira des groseilles blanches ou rouges, comme on est certain de la couleur qu'auront des framboises en examinant seulement la tige qui doit les porter. Un œil exercé ne s'y trompe jamais; il retrouve la couleur pâle répandue sur l'écorce des plantes qui doivent donner des fleurs et des fruits blancs, et il remarque que cette couleur pâle est souvent le résultat d'une organisation affaiblie, d'une végétation inférieure à celle des variétés à fleur rouge. Ainsi, nous voyons que le framboisier à fruit blanc a ses tiges moins hautes et moins fortes que celui à fruit rouge; que son écorce est plus pâle; qu'il est moins fécond, et que son fruit est moins savoureux.

Ronce de Pensylvanie. 26

De l'Imprimerie de Langlois. Bouquet sculp.t

RONCE DE PENSYLVANIE.

Rubus trivialis. Poit. et Turp.

ETTE espèce, indiquée dans la Pensylvanie par Michaux et trouvée aussi aux environs de Charlestown par Philippe Noisette, est assez rare dans les jardins de l'Europe. On la doit à M. Louis Noisette, qui l'avait reçue de son frère Philippe.

C'est une espèce très distincte et très remarquable en ce qu'elle produit une grande quantité de tiges sous-ligneuses, très simples, couchées sur la terre, longues de 1 à 2 mètres, constamment stériles, extrêmement hispides dans leur jeunesse et munies d'aiguillons recourbés, surtout vers l'extrémité, tandis que les tiges à fruit naissent ou immédiatement de la souche, ou de la base des tiges rampantes, ne sont longues que de 3 à 6 décimètres, moins hispides et moins aiguillonnées.

Les feuilles de toutes les tiges couchées et stériles sont quinées, à folioles ovales oblongues, glabres sur leurs deux faces, dentées en scie, longues de 5 à 8 centimètres, tandis que les feuilles des tiges fertiles sont ternées, et un peu moins grandes.

Les fleurs, constamment solitaires, terminent chacune des petites tiges fertiles; elles sont droites, grandes et belles, mais passent très vite.

Il succède à chacune d'elle un fruit noir, luisant, très gros pour une framboise ou une mûre; il est ovale ou allongé, haut de 20 à 24 millimètres; chacun des petits grains qui le composent est marqué d'un sillon comme sur certaines prunes. Ils ont l'eau rouge et la chair d'un violet noir.

Ce fruit mûrit en septembre; il n'a pas beaucoup d'eau, mais elle est relevée, parfumée, non fade comme celle de la ronce, ni acide comme dans la ronce bleuâtre; mais ses pepins sont gros, durs sous la dent; et si l'on joint à ce désagrément le peu de fertilité de la plante, peu de personnes seront disposées à lui accorder une place au rang des arbres fruitiers.

Ronce à fruit bleu. 232.

De l'Imprimerie de Langlois. Giraud sculp.t

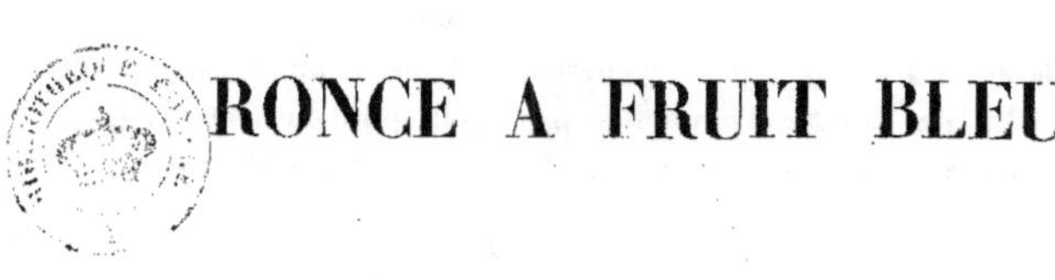

RONCE A FRUIT BLEU.

Rubus cæsius, Poit. et Turp.

On trouve cette Ronce au pied des murs, dans les mauvaises terres, dans les moissons et dans les prés. Ses tiges sont ligneuses, menues, souvent très longues; traçantes, radicantes, cylindriques, vertes ou bronzées du côté du soleil, couvertes d'une légère poussière glauques, garnis de petits aiguillons épars dirigés en arrière.

Les feuilles sont ternées, à folioles ovales, très gaufrées, inégalement dentées, terminées en pointe; la foliole intermédiaire est pétiolée, les latérales sont presque sessiles et souvent bilobées. La feuille qui se trouve le plus près des fleurs est simple ou seulement trilobée.

Les extrémités des petits rameaux se terminent par une grappe de fleurs blanches au nombre de quatre à huit; elles ont les divisions du calice ovales, concaves, terminées en longue pointe, et sont parsemées en dessous de papilles rousses et glanduleuses; les pétales sont oblongs, étroits, distans, et non rapprochées comme le représente la figure de Bulliard. Les étamines, d'abord d'un blanc sale, deviennent brunes après la fécondation.

Les fruits, quoique composés d'un assez petit nombre d'ovaires, sont gros, d'un bleu d'azur clair, au moyen d'une poudre de cette couleur qui les recouvre, car sans cela ils seraient naturellement d'un bleu noir.

Ils ont la chair et l'eau agréablement acidulées, et leur couleur est un violet foncé. On trouve au centre de chaque grain, un pepin comprimé qui à la forme d'un petit haricot.

Ce fruit mûrit en septembre, son acide, assez élevé, le rend peut-être le meilleur du genre, et cependant il est négligé.

On conseille de se servir particulièrement de cette espèce pour faire le sirop de mûres; mais on l'emploie rarement à cet usage, parce qu'elle est moins fertile et moins commune que celle des haies, que l'on se procure plus aisément et plus abondamment. Cependant nous voyons que les herboristes de Paris ne préparent et ne vendent que les feuilles de la Ronce à fruit bleu pour les infusions et tisanes de ronce, parce qu'elles sont nues et ne déposent pas dans l'infusion de petits poils qui s'attachent à la gorge, inconvénient qui aurait lieu si on employait des feuilles de la Ronce des haies, *rubus fruticosus*.

GENRE FRAISIER.

FRAGARIA. Lin.

CE genre est de la famille des Rosacées et de l'ordre de Driadées; il comprend des plantes vivaces à tige très courte, à feuilles composées de 3 (1 à 5 par exception) folioles, et dont le caractère commun est d'avoir :

1° Un calice persistant à dix découpures lancéolées, dont cinq alternes sont extérieures et plus étroites.

2° Cinq pétales arrondis ou en forme de coin, rétrécis en onglet à la base, attachés au bord du calice et alternes avec ses divisions.

3° Vingt étamines au moins, attachées au même lieu que les pétales; les filets sont courts, élargis à la base, terminés par des anthères cordiformes, comprimées, biloculaires, s'ouvrant latéralement.

4° Un nombre indéterminé d'ovaires réniformes attachés sur un réceptacle commun, hémisphérique ou conique; chaque ovaire a un style latéral, simple, épaissi en un stigmate obtus.

5° Un fruit succulent ovale ou arrondi, formé du réceptacle (1) commun devenu charnu; à la superficie sont nichées, dans de légers enfoncemens, un grand nombre de graines nues (2) en forme de rein, composées d'une tunique extérieure coriace, d'une autre tunique intérieure membraneuse, ayant un *chalaza* jaune au sommet, et d'un embryon ovale à deux lobes, à radicule courte et supère.

CULTURE, USAGES ET PROPRIÉTÉS.

Tous les Fraisiers connus jusqu'à ce jour se cultivent en pleine terre, et supportent aisément les diverses températures du climat de Paris. Ils se multiplient par les graines, par les coulans et par les éclats enracinés.

(1) Le réceptale de Linné est appelé par les botanistes modernes : *placenta*, *placentaire*, *trophosperme*, *spermophore*.

(2) Quoique les botanistes modernes soient bien convaincus que les graines ne peuvent naître à nu sur les plantes, cependant l'usage fait continuer d'appeler graines nues celles dont le péricarpe est si mince qu'il avait échappé à l'œil des anciens.

Par les graines. Il faut choisir les plus belles Fraises de l'espèce que l'on veut multiplier, les laisser bien mûrir sur pied, ensuite les cueillir et les mettre dans un vase où on les écrasera dans une petite quantité d'eau pour en détacher les graines que l'on fera sécher à l'ombre, et que l'on conservera jusqu'au printemps. Alors on laboure et on ameublit bien un petit bout de planche, on le passe au rateau et on lui donne une bonne mouillure; ensuite on y sème la graine qui devra être aussitôt recouverte de 1 millimètre ou 2 de terreau fin que l'on soupoudrera dessus avec un tamis de crin. Ce terreau se liant promptement à la terre humide, presse les graines de toutes parts et favorise ainsi leur germination. On couvre le semis avec un paillasson ou avec de la litière, et on mouille de temps en temps pour entretenir l'humidité. Quinze jours après, les Fraisiers doivent paraître; alors on donne un peu plus d'air en éloignant le paillasson du sol, ou en le dressant du côté du soleil pour garantir le jeune plant de l'ardeur de ses rayons.

Si l'on n'avait que très peu de graines, il faudrait les semer de la même manière dans une terrine que l'on tiendrait à une humidité douce, et dont on couvrirait la terre de mousse pour favoriser la germination; mais de quelque manière que l'on sème, il est très important de ne pas laisser sécher la terre, et surtout de ne pas la laisser s'échauffer étant sèche par les rayons du soleil; dans le premier cas les graines ne leveraient pas ou ne leveraient que l'année suivante, et dans le second cas elles seraient perdues sans ressource.

Quand les Fraisiers sont levés, on les sarcle, on les mouille légèrement et souvent. S'ils ont cinq ou six feuilles à la mi-octobre, on les repique en pépinière à 16 ou 18 centimètres de distance, ou bien, ce qui pourtant n'est pas la meilleure manière, on forme de petites touffes de deux à trois pieds que l'on espace de 24 à 30 centimètres. Quelquefois le plant n'est pas assez fort pour être repiqué à l'automne; alors on le laisse en place jusqu'au printemps suivant. Dans tous les cas, il doit avoir deux années de végétation (le Fraisier Quatre-saisons excepté) avant que d'être mis en place, parce qu'il lui faut cet âge au moins pour être en état de fructifier. Tant que les jeunes Fraisiers sont en pépinières, il faut les sarcler, biner, arroser convenablement et supprimer les coulans qu'ils pourraient produire.

Par coulans. On sait qu'à l'exception de deux variétés, tous les Fraisiers produisent des coulans ou filets qui sortent des aisselles des plus jeunes feuilles, s'étendent en tous sens sur la terre, produisent de distance en distance de nouvelles plantes qui s'enracinent au lieu où elles touchent la terre, et multiplient ainsi l'espèce à l'infini. Quand on est dans l'intention de former un nouveau plant de Fraisier au moyen de ces coulans, il faut, lorsque la végétation commence à se ralentir, en supprimer les plus faibles, n'en conserver sur chaque pied que quatre à six des plus forts et les pincer au troisième œilleton; ensuite, pour favoriser et hâter la croissance de ces œilletons ou jeunes pieds, on les enfoncera un peu en terre ou on les buttera légèrement; à l'automne, on repiquera ces nouvelles plantes en pépinière ou on les plantera immédiatement en place.

Par éclats. Aucune plante ne reprend plus facilement de bouture que les tiges éclatées de Fraisier; mais, pour en assurer encore le succès, on transforme, pour ainsi dire, ces tiges en marcottes en les rehaussant avec de la bonne terre meuble, ou en les buttant simplement avec celle qui les entoure. Si l'on fait cette opération au printemps ou en été, les tiges seront garnies de nombreuses racines à l'automne, et elles pourront être éclatées, séparées de la vieille souche et replantées de suite en place sans être mises en pépinière.

Dans la plupart des jardins, on plante les Fraisiers en bordure le long des allées, et toute la culture qu'on leur donne est un labour par an, un rechaussage, quelques arrosemens et la suppression des coulans qui s'étendent sur les plates-bandes et dans l'allée. Les fruits qu'on obtient de ces bordures ne sont pas très gros, mais ils sont toujours excellens, parce qu'ils jouissent de l'air et des bienfaits du soleil, et que la terre qui les nourrit n'est jamais surchargée d'engrais. De telles bordures peuvent durer trois ou quatre ans en bon rapport; après quoi il faudra les détruire et les remplacer par des plantes d'une autre nature.

Mais si l'on veut avoir une grande quantité de belles et grosses Fraises, il faut les cultiver avec plus de soin: pour cela on doit choisir une terre plus légère que forte, douce, fertile, facile à cultiver, répandre dessus un bon engrais bien consommé, tel que du terreau de couche, qu'il faudra enterrer par un labour soigné, qui, en rendant la terre le plus meuble possible, étendra l'engrais également partout. Lorsque le terrain est bien labouré, on le divise par planches que l'on passe au rateau et que l'on couvre d'une légère couche de terreau ou de fumier court et fin, comme font les habiles jardiniers de Paris, afin que la terre se tienne toujours fraiche et que les arrosemens ne la battent pas. On trace ensuite sur chaque planche quatre ou cinq lignes où l'on plante les Fraisiers à 4 ou 5 décimètres les uns des autres. Soit que l'on plante au printemps ou à l'automne, il faut aussitôt donner une bonne mouillure pour attacher le plan à la terre.

La première récolte ne sera pas abondante, surtout si la plantation s'est faite au printemps, et si le plant est provenu de graines. C'est sur la seconde et troisième année que l'on doit fonder son espérance: il faut pendant ce temps sarcler, biner, arroser toutes les fois qu'il en sera besoin; abriter le plant contre l'ardeur du soleil et supprimer les coulans au fur et à mesure qu'ils paraissent.

Tels sont les soins généraux que demandent les Fraisiers pendant les deux ou trois ans qu'ils peuvent rester en place. Au bout de ce temps, ils ne donnent plus que de petits fruits; alors on les arrache, puisque probablement on a eu soin d'élever ailleurs un autre plant pour le remplacer.

Duhamel dit qu'il faut douze à treize ans d'intervalle entre deux plants de Fraisier dans le même endroit. Je n'ai jamais vu qu'aucun praticien ait suivi cette maxime; et moi-même je n'en ai jamais reconnu la nécessité. Les habitans de Montreuil et de Bagnolet admettent un intervalle de trois ans, et ce temps est bien suffisant pour refaire la terre.

Parmi les nombreux moyens employés pour obtenir des Fraises pendant l'hiver, je crois devoir en indiquer ici quelques-uns. 1° Si l'on plante des Fraisiers des Alpes, ou Quatre-saisons, au pied d'un mur bien exposé au midi, et qu'on les abrite de la gelée avec de la litière ou des paillassons qu'on ôtera toutes les fois que le temps sera doux, on aura des Fraises une partie de l'hiver. 2° On en obtiendra davantage et avec plus d'assurance en posant des châssis sur une planche de Fraisiers des Alpes, et en l'entourant d'un réchaud de fumier.

3° Le moyen le plus simple de tous, c'est de planter des Fraisiers dans des pots dans le courant de l'été et de mettre ces pots sur les tablettes d'une serre-chaude pendant l'hiver : ils y seront à merveille, fructifieront abondamment et ne demanderont d'autre soin que d'être mouillés à propos.

Un jardinier intelligent peut varier et modifier à l'infini et avec un plein succès la règle générale que je viens d'indiquer pour la culture du Fraisier, selon les localités, la nature du terrain, selon ses goûts ou son intérêt. Moi-même je me suis souvent écarté de ce que je viens de dire : mille circonstances qu'il est impossible de prévoir nécessitent des modifications dans la pratique. Ainsi, en Angleterre, on ne connaît guère le ver blanc ; en France, il fait la désolation des planteurs de Fraisiers : en Angleterre on couvre la terre des planches de Fraisiers avec de la mousse pour tenir les Fraises propres et en éloigner les limaces ; ici nous tenons nos Fraises propres avec un paillis, du sable, de la tannée. Au reste on trouvera à la description de chaque espèce ce qu'elle exige de particulier dans sa culture.

Les Fraises sont un aliment aussi sain qu'agréable; elles se mangent crues, sans sucre ou avec du sucre; seules, ou avec de l'eau, du vin, de la crême, etc. ; on les mêle dans les compotes, dans l'eau de groseille : le feu détruit ou altère beaucoup leur parfum. Cependant par le procédé Appert on conserve leur arôme assez bien pour pouvoir le communiquer ensuite à certains mets d'office comme crêmes, glaces, etc.

Fraisier des bois.

Poiteau Pinx. De l'Imprimerie de Langlois. Bouquet Sc.

N°

FRAIZIER DES BOIS.

Fragaria Vesca. Poit. et Turp.

QUOIQUE ce fraisier et quelques autres espèces croissent naturellement dans plusieurs localités de l'Europe, les anciens botanistes ne nous ont laissé aucun document sur le genre fraisier. Il est probable qu'il ne l'ont pas connu. Celui-ci croît communément dans les bois découverts où l'air et le soleil ont quelque accès. Après la coupe d'un grand bois, on voit la terre se couvrir de fraisiers comme par enchantement, et on se demande d'où viennent tant de graines. Cela n'a rien d'étonnant pour ceux qui croient à la production spontanée; mais les incrédules sont obligés d'admettre qu'il existait là des fraisiers avant que le bois n'eût couvert le terrain; que les graines se sont conservées dans la terre pendant cent ans, deux cents ans, et que quand la chute de la forêt est venue les rendre à l'air et au soleil, elles ont germé et reproduit leur espèce. On explique à-peu-près de la même manière l'apparition de certaines plantes dans des endroits où on n'en avait jamais vu auparavant.

Les tiges du fraisier des bois sont courtes, couchées, divisées, radicantes, couvertes des débris d'anciens pétioles et munies de racines nombreuses, simples, raides, garnies de fibrilles.

Toutes les feuilles sont alternes et naissent de l'extrémité des tiges; elles sont composées de trois folioles, portées sur un pétiole commun, long d'environ dix-huit centimètres, légèrement canaliculé et muni de poils étalés; ce pétiole a deux grandes stipules à sa base, souvent colorées : de ces trois folioles, l'intermédiaire est la plus grande, trapéziforme. Des coulans longs et menus naissent dans les aisselles des jeunes feuilles et vont au loin donner naissanceà au tant de nouveaux fraisiers qu'ils ont de nœuds sur leur longueur.

Les hampes florifères, couvertes de poils fins et couchés, sont aussi axillaires, mais elles ne se développent que dans les aisselles des feuilles âgées ou qui ont déjà produit des coulans; elles se tiennent droites, s'élèvent à la hauteur des feuilles et se divisent au sommet en plusieurs bifurcations, et dans chacune des bifurcations naît une petite fleur blanche, pédonculée, droite ou inclinée. Dans les bois, une hampe porte rarement plus de quatre ou six fleurs auxquelles succèdent autant de fruits; mais dans les jardins elle en porte ordinairement davantage.

Le fruit est petit, rond ou ové, rouge vif du côté du soleil, ayant les divisions calicinales réfléchies en arrière. On trouve à la surface un assez grand nombre de petites graines puces, logées dans de légers enfoncemens.

Les fraises de bois commencent à mûrir vers la fin de mai, et on en trouve jusqu'en août. Tout le monde sait combien elles sont parfumées, savoureuses, et combien elles l'emportent sur toutes les autres fraises, quand elles ont cru au soleil. Beaucoup de personnes n'en cultivent pas d'autres; elles envoient tout uniment arracher du plant de fraisier dans les bois, le font planter en planche ou en bordure dans leur jardin, où une nourriture abondante augmente souvent du double la grosseur du fruit, mais lui fait perdre de son parfum.

On trouve aussi dans les bois une variété à fruit blanc, mais plus rare et moins estimée.

Explication des détails de la figure ci-jointe.

a. Fleur entière, vue par devant.
b. La même, vue par derrière.
c. Coupe verticale, montrant l'insertion des étamines et des ovaires.
d. Un ovaire, muni de son style latéral.
e. Fruit mûr, coupé verticalement.
f. Graine mûre, grossie.
g. La même, coupée horizontalement.
h. Embryon nu.

Fraisier des bois cultivé. 30.

Poiteau pinxt. De l'Imprimerie de Langlois. Bouquet sculp.

FRAISIER DES BOIS CULTIVÉ.

Fragaria vesca sativa. Poit. et Turp.

APRÈS avoir donné l'histoire et la figure du Fraisier des bois, telle que la nature le produit, on a cru devoir le reproduire avec les modifications que la culture lui fait subir dans les jardins. Ces modifications sont : plus d'ampleur dans ses feuilles, plus de hauteur dans ses hampes, des fruits plus nombreux et plus gros. Si les qualités de ces fruits, leur parfum, sont un peu diminués dans cet état, ils sont encore très supérieurs à toutes les autres grosses fraises ; et, à part la curiosité, la rareté et la nouveauté, on ne peut pas blâmer les personnes qui ne veulent pas en cultiver d'autres. Il y a pourtant un autre fraisier dont le fruit ne lui est guère inférieur, et qui a les précieux avantages de fleurir et fructifier depuis mai jusqu'aux gelées. On le trouve dans presque tous les jardins, sous le nom de fraisier des Alpes ou des quatre saisons ; j'en donnerai bientôt l'histoire.

Fraisier à fleurs doubles. 103.

Poiteau Pinx. De l'Imprimerie de Langlois. Bouquet Sculp.

FRAISIER A FLEURS DOUBLES.

Fragaria multiplex. Poit. et Turp.

CE Fraisier est évidemment une variété de celui des bois; il est plus grand dans toutes ses parties et produit moins de coulans; mais ce qui le distingue particulièrement, ce sont ses fleurs composées chacune de 15 à 40 pétales disposées sur plusieurs rangs; et cependant le nombre des divisions du calice reste toujours le même. Les pétales intérieures sont des étamines dilatées, monstrueuses, qui ont entièrement perdu leur forme et leur propriété. Il ne reste ordinairement que cinq ou six de ces étamines dans un état parfait, et elles suffisent à la fécondation des ovaires qu'elles entourent.

Les pistils se ressentent sensiblement de ce désordre; plusieurs sont oblitérés ou détruits, et il en résulte de l'irrégularité dans les fruits. Pourtant, quand ces fruits sont parfaits, ils ont la même forme, la même couleur et la même saveur que ceux du Fraisier des bois.

Les fleurs doubles ne sont pas ce qu'il y a de plus singulier dans ce Fraisier. La plupart d'elles sont souvent prolifères, c'est-à-dire que de leur intérieur, entre les pétales et les ovaires, naissent d'autres fleurs, les unes sessiles, les autres pédonculées, doubles comme les premières, et qui donnent souvent des fruits imparfaits. Le dessin ci-joint montre quelques fleurs qui en ont ainsi produit d'autres de leur intérieur.

Cette dernière modification paraît avoir été déjà observée par Zanoni, botaniste italien, et elle rapproche du Fraisier à fleurs doubles une autre variété décrite par le même botaniste, et nommée Fraisier à trochet par Duchesne dans son histoire des Fraisiers.

On ne peut douter que le Fraisier à fleurs doubles n'ait été obtenu de la culture; mais l'époque de sa naissance n'est pas connue. Simon Paulli, qui écrivait vers 1640, dit qu'il ornait depuis quelques années le jardin d'un célèbre curieux à Copenhague. On le trouve dans presque tous les auteurs qui sont venus après Simon Paulli. Morison semble assurer que ce fut en Angleterre qu'on le vit naître.

Fraisier à une feuille. 342.

Poiteau pinx.t De l'Imprimerie de Langlois. Bocourt sculp.t

N.° 4

FRAISIER A FEUILLES SIMPLES.

Fragaria monophylla. Poit. et Turp.

CE Fraisier est né à Versailles en 1761, d'un semis de Fraisier des bois fait par Duchesne. Ce semis était considérable, et il n'en sortit qu'un seul individu à feuilles simples que Duchesne a multiplié par coulans, et qui se reproduit aussi de graines, selon l'auteur, et c'est peut-être pourquoi Linné l'a rangé au nombre des espèces, car Duchesne le lui avait envoyé à Stockholm.

Cette singulière et curieuse espèce s'est conservée jusqu'à présent dans les collections et chez quelques curieux. Elle a quelque chose d'irrégulier dans le port; toutes ses parties paraissent contraintes, tourmentées; elle est d'ailleurs délicate, fait peu de coulans, et ne forme jamais de grosses touffes comme les autres.

La plupart de ses feuilles sont simples, très plissées, ovales, bordées de dents très grandes relativement à l'étendue des feuilles; mais il n'est pas rare d'en trouver aussi, parmi celles qui se développent les premières, à deux ou trois folioles plus ou moins détachées.

Les hampes sont droites, raides, pauciflores, et plus hautes que les feuilles.

Les premières fleurs sont régulières, la plupart comprimées; le nombre des pétales augmente et double quelquefois; les divisions calicinales s'allongent en petites feuilles inégales et diversement découpées.

Les fruits, plus gros que la Fraise des bois, toujours peu nombreux, sont tous allongés, mais quelquefois comprimés ou plus ou moins lobés à la manière des Fraises de Montreuil. Leur couleur et leur saveur sont à-peu-près les mêmes que dans la Fraise des bois.

Ce Fraisier demande quelque soin pour sa conservation : il périt en peu de temps en terre forte et froide; les gelées le soulèvent de terre et le font mourir. On doit donc le planter en terre ni trop argileuse ni trop siliceuse.

Fraisier de Montreuil N°. 1.

Poiteau pinx. De l'Imprimerie de Langlois. Bouquet Sc.

FRAISIER DE MONTREUIL.

Fragaria portentosa. Poit. et Turp.

PEUT-ON ne pas admirer la puissance d'une culture raisonnée, en voyant les fruits prodigieux qu'obtiennent les habitans de Montreuil? Le Fraisier figuré ici est une preuve des plus convaincantes de la haute intelligence de ces habiles cultivateurs, et de la prodigalité de la nature envers ceux qui étudient ses lois et qui s'appliquent à pénétrer le mystère de ses opérations. Ce n'est qu'à Montreuil, Charonne et Bagnolet, que ce Fraisier produit des fruits aussi volumineux, parce que ce n'est que dans ces lieux qu'on le cultive avec une méthode et des soins particuliers, qui entretiennent en lui le caractère de vigueur et de fécondité qu'on ne lui retrouve pas ailleurs.

Le Fraisier de Montreuil tire évidemment son origine du Fraisier des bois, mais une obscurité profonde nous dérobe l'année et les circonstances de sa naissance. Quant au lieu qui l'a vu naître, la tradition nous a appris que c'est dans les campagnes de la Ville-du-Bois, près Montlhéry, à six lieues à l'ouest de Paris qu'on l'a remarqué pour la première fois. Ces campagnes étaient autrefois couvertes de bois; ces bois ayant été abattus, la culture du Fraisier dit des bois, s'établit en grand à leur place et s'y est maintenue plus de cent ans, jusqu'à ce qu'enfin en 1780, les habitans de la Ville-du-Bois, s'étant apparemment lassés du Fraisier, l'ont remplacé par de la vigne. Or, ce fut pendant cette longue période de la culture du Fraisier des bois dans les champs de la Ville-du-Bois, que le Fraisier de Montreuil s'y montra.

Duchesne qui a publié une histoire des Fraisiers en 1766, traite de l'origine de celui-ci et de sa culture sous le nom de Fraisier fressant. Duhamel n'a rien ajouté à ce qu'avait dit Duchesne. M. Turpin et moi, dans notre traité des arbres fruitiers, ouvrage en six volumes grand in-fol., avons repris ce qui était connu au temps de Duchesne, y avons ajouté de nouvelles observations prises sur les lieux mêmes, avons rectifié quelques erreurs accréditées, et adopté le nouveau nom donné à ce Fraisier par les cultivateurs.

Depuis une trentaine d'années les pépinières du Fraisier de Montreuil se sont rapprochées de Paris; elles se sont établies dans les environs de Sceaux-les-Chartreux, de Fontenay-aux-Roses, où les cultivateurs de Montreuil vont chercher du plant pour le cultiver chez eux, à leur manière, et dont je vais indiquer ici les principales conditions.

En novembre, les jardiniers de Montreuil vont acheter du plant de Fraisier à Fontenay-aux-Roses ou dans les environs. Ils le paient, année commune, neuf à dix francs les mètres carrés (la perche), et cet espace contient trois ou quatre mille plants. Les acheteurs le lèvent eux-mêmes et l'emportent sans l'éplucher. Arrivés chez eux, ils détachent les plants de leur coulant, les nettoient, suppriment les grandes feuilles, rafraîchissent les racines, et repiquent les plants dans une costière à 54 ou 81 millimètres l'un de l'autre, et si l'hiver devient rigoureux, ils les couvrent d'un peu de litière pour que les gelées ne les fatiguent pas.

Vers la fin de mars ou dans les premiers jours d'avril, on plante ce plant par planches dans un terrain bien préparé, et mettant les pieds à environ 5 décimètres (18 pouces) les uns des autres. On le mouille plusieurs fois la semaine pendant le printemps et l'été, surtout si l'on n'a pas paillé les planches en plantant. Il est aussi d'une grande importance de supprimer les coulans à mesure qu'ils se développent pendant toute la première année. Durant l'été de cette première année, quelques pieds donneront du fruit qui ne sera guère plus gros que la fraise des bois; aussi cette récolte ne compte-t-elle pas; c'est sur la seconde et la troisième année que l'on fonde toute son espérance; c'est pendant ces deux années que l'on obtient les fruits merveilleux que représente le dessin ci-joint; mais ce n'est toujours qu'avec des soins assidus; si l'on suspendait la mouillure qu'on négligeât de pailler, qu'on laissât pousser les mauvaises herbes, durcir la terre, pousser les coulans, ce serait en vain qu'on aurait été bien loin acheter du plant bien cher, les fraises qu'on en obtiendrait seraient à peine plus grosses que celles des bois.

Après la récolte de la troisième année, on laisse partir tous les coulans, et ils produisent du jeune plant comme celui qu'on avait été acheter à Fontenay-aux-Roses, et que l'on traite et cultive de la même manière pendant trois autres années. Après ces six années révolues, quelques cultivateurs le réforment, mais d'autres en tirent des coulans qu'ils cultivent encore pendant trois ans, après quoi ils le détruisent, parce que l'expérience leur a appris qu'après neuf années successives de culture dans le même terrain, le plant dégénère, qu'il faut le changer, et aller chercher d'autres plants dans les pépinières de Fontenay-aux-Roses ou dans les environs où la terre est légère, sableuse et parfaitement convenable au fraisier.

Les gros et monstrueux fruits du Fraisier de Montreuil ne se montrent que dans le fort de la saison; ceux qui naissent dans son déclin sont moins gros et plus réguliers; ces fruits monstrueux n'ont peut-être pas tout le parfum qu'on trouve dans les fruits réguliers; mais à Paris, on n'y regarde pas de si près; quand des fruits sont beaux et gros, on est sûr de les vendre plus cher que d'autres meilleurs, mais plus petits.

Fraisier de Montreuil. N°.2. 122.

Poiteau Pinx. De l'Imprimerie de Langlois. Bouquet Sc.

FRAISIER DE MONTREUIL N. 2.

Fragaria portentosa. Poit. et Turp.

J'AI déjà donné une figure et la description de ce Fraisier, dans la 104e livraison de cet ouvrage. La figure citée représente un échantillon pris dans l'une des meilleures cultures de Montreuil, et partout ailleurs on voit très rarement cette espèce avec d'aussi gros fruits. J'ai donc cru nécessaire d'en donner une seconde figure prise dans une culture moins soignée, telle qu'on en rencontre le plus souvent, pour montrer la puissance d'une culture bien entendue sur celle qui l'est moins. Dans cette figure n. 2, on voit bien que quelques-uns des fruits ont une tendance à prendre la forme et le volume qui sont propres à leur espèce; mais n'étant pas aidés par des engrais, des mouillures et des binages suffisans, ils ne peuvent arriver à la grosseur de ceux représentés dans l'autre planche.

300.

Poiteau pinx.t — *Fraisier de Florence.* — Bocourt sculp.t

FRAISIER DE FLORENCE.

Fragaria Florentina. Poit. et Turp.

E Fraisier a été trouvé par hasard au Jardin-des-Plantes de Paris en l'an XIII (1805), dans l'enclos où l'on fait les couches, et où l'on sème chaque année les graines envoyées à cet établissement. Il est probable que, parmi tant de graines, il s'en sera rencontré quelques-unes de ce Fraisier, qui auront levé comme les autres, sans qu'on ait remarqué d'où elles venaient. On a cherché à le rapporter à quelque Fraisier connu, mais il ne se rattache à aucun de ceux auxquels il ressemble. 1° Il diffère du Fraisier blanc des bois en ce qu'il est plus grand et que ses fruits sont toujours allongés. 2° Il diffère du Fraisier des Alpes blanc, en ce qu'il ne fleurit qu'une fois l'an. 3° Il diffère du Fraisier de Montreuil blanc en ce que ses fruits sont toujours réguliers et infiniment meilleurs.

On était décidé à considérer ce Fraisier comme une nouvelle variété lorsque M. Galesio, sous-préfet à Savonne (sous l'empire), se trouvant à Paris, le reconnut pour être presque exclusivement cultivé en Italie, et nous dit qu'on le désignait sous le nom de Fraisier de Florence, et qu'il était très estimé. Depuis lors nous l'avons appelé Fraisier de Florence.

Ce Fraisier a le port et le ton de celui de Montreuil; il est seulement quelquefois un peu plus grand. Les dents de ses feuilles sont terminées par une pointe blanche comme celles de tous les Fraisiers à fruit blanc. Ses fleurs, hermaphodites parfaites, sont de la grandeur de celles du Fraisier des bois, et quelques-unes des divisions de son calice sont bifurquées.

Le fruit a la forme allongée et la grosseur de la Fraise des Alpes; sa couleur, constamment blanche, se roussit un peu dans la grande maturité; il a une grande quantité de graines saillantes et jaunâtres. Sa saveur est relevée, parfumée, sucrée, agréablement acidulée, de sorte que cette Fraise est bien meilleure que toutes les autres Fraises blanches connues.

Fraise des Alpes.

Poiteau pinx. De l'Imprimerie de Langlois Bouquet sc.

FRAISIER DES ALPES.

Fragaria semperflorens. Poit. et Turp.

SI je voulais soutenir que ce Fraisier est une espèce, selon la règle établie en botanique, il me suffirait de demander aux botanistes s'ils l'ont jamais vu naître d'un autre Fraisier, et s'ils l'ont jamais vu dégénérer en un autre; et comme ni eux ni personne ne l'ont jamais vu autrement qu'ils le voient aujourd'hui, il est clair qu'il constitue une espèce naturelle, dont le caractère le plus saillant est de fleurir et fructifier toujours, quand la sécheresse et le froid ne viennent pas suspendre sa végétation. Mais les botanistes n'y regardent pas de si près; quand l'un d'eux a dit que c'est une variété, tous les autres le copient servilement, et c'est ainsi que les erreurs se perpétuent.

Cette espèce s'appelle aussi Fraisier des quatre saisons, de tous les mois, à cause de sa propriété de fleurir presque toute l'année. Pendant long-temps elle a été préférée avec beaucoup de raison dans les jardins; mais depuis que les Anglais se sont mis à féconder et à croiser les Fraises de Chili, de Caroline, de Virginie, de Bath, et qu'ils nous ont fait part des hybrides et variétés obtenues par ce moyen, ces nouveautés ont été la plupart introduites dans nos jardins au détriment de la Fraise des Alpes; mais jamais elles ne la remplaceront, quoiqu'elles soient plus grosses, parce qu'elles n'ont pas son parfum exquis, et que leur récolte ne dure qu'un mois.

Le Fraisier des Alpes est trop bien connu, et le mérite de sa Fraise trop bien apprécié pour que je m'arrête à décrire l'un et l'autre. Je vais dire seulement quelques mots sur sa culture.

Dans la plupart des jardins on le renouvelle tous les deux ou trois ans par les coulans, et cette opération se fait plus avantageusement en septembre qu'au printemps. On le plante en planche ou en bordure, et on a soin de lui ôter les coulans à mesure qu'il en produit. Si cependant on ne voulait pas le renouveler au bout de deux ans, on prolongerait sa fertilité en rechaussant les pieds chaque année au printemps, parce que le Fraisier s'élève peu-à-peu et fait de nouvelles racines aux nœuds supérieurs.

Mais les jardiniers qui cultivent ce Fraisier par spéculation le sèment tous les ans en juillet, le repiquent en pépinière, le plantent finalement en planche, l'année suivante, en tirent une récolte abondante, et ensuite le détruisent. D'autres le couvrent de châssis, le chauffent pour en avancer la fructification. D'autres encore le plantent en pots en août, et en janvier ou février, placent ces pots sur les tablettes d'une serre chaude où les fruits viennent très bien. Il est bien entendu que le Fraisier doit être mouillé souvent et à propos.

Quand ce Fraisier est mal soigné ou que la sécheresse de l'été le rend languissant, son fruit devient ovale comme la Fraise des bois; mais en bonne culture il est toujours très allongé, figuré en pain de sucre, et haut d'environ 27 millim. (1 pouce). Il est très rouge; la chair est blanche au centre, rougeâtre vers la circonférence; sa saveur et son parfum sont ceux de la Fraise des bois.

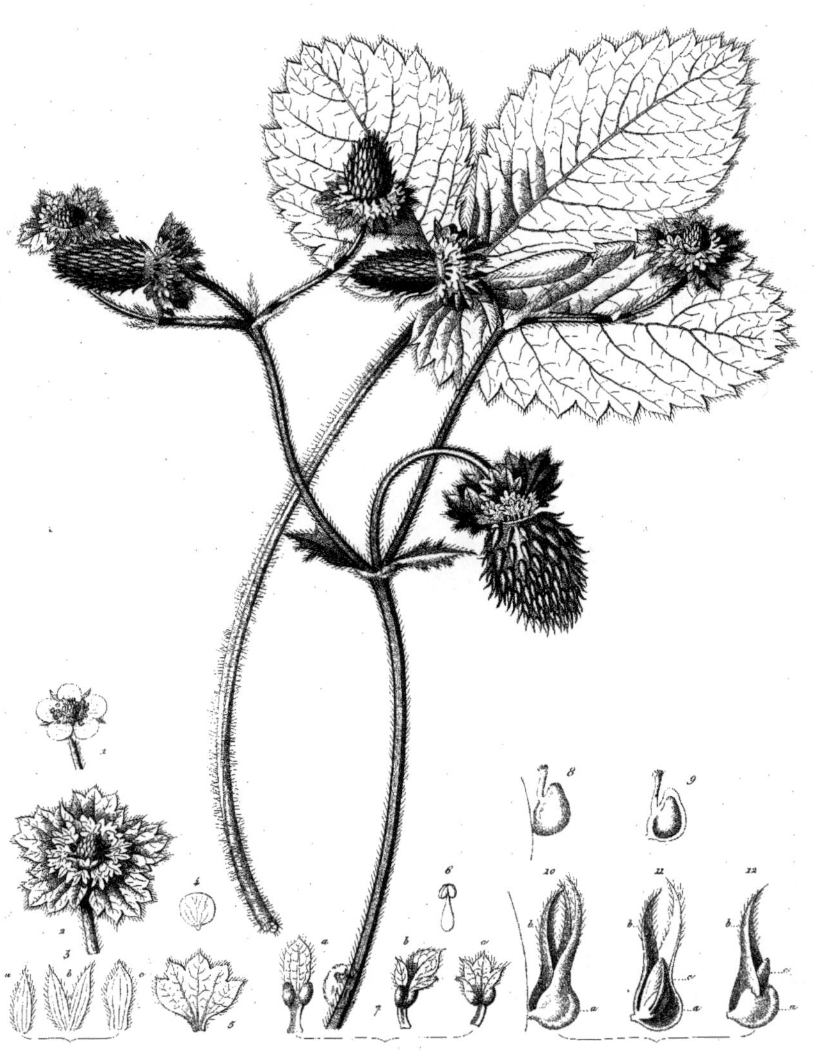

Fraisier de Plymouth.

De l'Imprimerie de Langlois.

B. Legrand sculp.

N

FRAISIER DE PLYMOUTH.

Fragaria muricata. Poit. et Turp.

IL y a plus de deux cents ans que cette singulière anomalie a été observée pour la première fois. Duchesne, dans son *Histoire naturelle des Fraisiers*, cite tous les auteurs qui en ont parlé avant lui; et c'est une chose assez remarquable que Duchesne lui-même, qui a semé des Fraisiers pendant plus de 60 ans, ne l'ait jamais obtenue, et ne l'ait jamais vue vivante. Voici, par ordre de date, les auteurs qui en ont parlé.

Simon Pauli dit avoir vu, en 1623, dans le jardin botanique de Leyde, un Fraisier, à fruit rouge hérissé. Parkinson, en 1629, en a donné une description et une figure très reconnaissables; Jean Gérard le décrit très bien dans son *Histoire générale des Plantes*, publiée en 1633 : il rapporte que Jean Tradescant lui avait dit que ce Fraisier était cultivé comme curiosité par une dame à Plymouth; Hudson l'a décrit en 1662, et Merret en 1667; Zanoni l'a figuré en 1675; et enfin Linné, en 1764, l'a fait entrer dans son *species plantarum*, sous le nom de *Fragaria muricata*.

Aucun de ces auteurs ne paraît avoir connu l'origine de ce Fraisier : si Linné l'eût connu, il se serait bien gardé, d'après ses principes, d'en faire une espèce. Voici maintenant du plus positif : le 19 mai 1830, M. Jacquin a présenté à la Société royale d'Horticulture de Paris un Fraisier extraordinaire, qu'un de ses correspondans avait obtenu dans un semis de Fraisiers des Alpes, deux ans auparavant, et qui a été reconnu sur-le-champ pour être le *Fragaria muricata* de Linné. Ainsi, il est prouvé que ce Fraisier, conservé jusqu'aujourd'hui, 1843, au Jardin du Roi, par les soins de M. Pepin, est une variété monstrueuse du Fraisier des Alpes. Elle se sera, sans doute, montrée, de temps en temps, dans les semis de Fraisiers des Alpes; mais les jardiniers, peu curieux, l'auront détruite de suite, parce que son fruit n'est pas propre à la vente; mais, on a cru devoir la figurer ici avec détail pour montrer que sa monstruosité n'est pas unique, et qu'elle est dans la série des plantes, dont les fleurs sont vivipares, tels que le *Polygonum viviparum*, le *Poa bulbosa vivipara*, le *Furcroya gigantea*, la *Veronica vivipara*, etc., et pour donner aux physiologistes un exemple de plus de la manière dont les organes appendiculaires des végétaux changent de forme, d'aspect, de nature et de fonction, et comment, étant tous originairement identiques, ils rentrent facilement les uns dans les autres.

Depuis une trentaine d'années, les botanistes physiologistes s'occupent avec intérêt de ses sortes de monstruosités, parce qu'elles jettent un grand jour sur l'analogie des organes appendiculaires et sur leur transformation, ce qui simplifie et rectifie les idées que l'on s'était faites de leur origine. Dupetit-Thouars désigne, sous le nom de

Chloranthie, c'est-à-dire fleur verte, toutes les fleurs qui développent des feuilles, au lieu de pétales, d'étamines et de pistils : ainsi, la fleur du Fraisier qui m'occupe est une Chloranthie. La Fraise, proprement dite, ou *Polyphore* des princes de la botanique, représente parfaitement la Fraise des Alpes; mais les graines ou petits péricarpes qui la couvrent sont changés ici en petits bourgeons verts, désagréables sous la dent, et empêchent de manger la Fraise avec plaisir. Le calice, les pétales et les étamines ont aussi subi des changemens notables. Quant au port de la plante, à ses feuilles, à ses tiges, à sa floraison perpétuelle, c'est absolument le Fraisier des Alpes.

Explication des figures.

1. Fleur entière, à l'état normal, du Fraisier des bois, pour servir de point de comparaison.

2. Fleur du Fraisier de Plymouth, passée à l'état de chloranthie, plus grande que nature.

3. Folioles du calice : *a*, simple; *b*, bifide; *c*, une autre simplement élargie.

4. Un pétale blanc, à l'état normal.

5. Un pétale devenu une feuille verte, nervée, à 5 lobes ciliés.

6. Une étamine à l'état normal.

7. Trois étamines devenues trois feuilles de diverses formes, et ayant encore à leur base deux gibbosités qui indiquent le reste de l'anthère : *a* connectif, étalé en une feuille verte, simple et ciliée; *b*, *id.* à trois lobes; *c. id.* à quatre lobes.

8. Un pistil à l'état normal.

9. Un pistil coupé verticalement, pour faire voir le point d'attache de l'ovale qui est latéral du côté intérieur, et en correspondance avec l'insertion du style.

10. Un pistil devenu un bourgeon, composé de deux feuilles alternes, engaînantes, ciliées, vertes, et d'une gemmule terminale : *aaa*, feuilles extérieures qui étaient destinées à former autant de péricarpes. Ces feuilles se divisent quelquefois en deux lobes comme dans la fig. 10 : *bbb*, feuilles intérieures, qui étaient destinées à former autant de tégumens de graines, ou enveloppes propres de l'embryon; *ccc*, gemmules terminales qui, dans l'état normal, devaient être deux embryons.

Observation. — L'explication du numéro 10 appartient à feu mon ami Turpin, qui expliquait toute la structure végétale d'une manière très satisfaisante, et que j'approuvais presque toujours; mais ici j'avoue que la destination qu'il donne aux feuilles *aaa*, *bbb* et *ccc* ne me satisfait pas complétement.

Vineuse de Champagne.

Poiteau pinx.t | De l'Imprimerie de Langlois. | Giraud sc.

FRAISE VINEUSE DE CHAMPAGNE.

Fragaria Campana, Poit. et Turp.

DEPUIS que les Anglais se sont mis à semer des graines de Fraisier, et qu'ils en ont obtenu des hybrides ou variétés, les unes plus grosses, meilleures, les autres indifférentes ou moins bonnes, la plupart de nos Fraises naturelles ont perdu de leur importance, et leur culture a été successivement négligée. En 1800, l'école du Jardin-des-Plantes en contenait plusieurs qu'on n'y voit plus : de 1807 à 1815, M. Turpin et moi les avions figurées dans notre Traité des Arbres fruitiers; mais aujourd'hui elles deviennent de plus en plus rares, et dans la crainte qu'elles ne disparaissent entièrement, j'ai résolu de les reproduire dans cette Pomologie française afin de constater qu'elles ont existé.

Je ne suis pas sûr que celle-ci croisse naturellement en Champagne, ainsi que son nom semble l'indiquer, mais elle est généralement connue par le nom sous lequel je la désigne ici; son feuillage est d'un vert blond, petit; ses hampes sont grêles, plus hautes que les feuilles; sa fleur est petite, hermaphrodite, mais ses anthères sont très petites, et probablement il y en a plusieurs qui ne contiennent pas de pollen. A mesure que les fruits grossissent, quoiqu'ils ne soient pas gros, leur poids entraîne leur hampe vers la terre; ces fruits sont rouges, arrondis, ou le plus souvent allongés par la base; quelquefois ils prennent une forme bizarre; mais dans tous les cas leur base est toujours nue, et ils ne portent des graines que dans leur moitié supérieure.

Quelques personnes trouvent que cette Fraise a un goût vineux : pour moi, je ne lui trouve d'autre saveur que celle de la Fraise des bois, mais à un degré inférieur. L'espèce est peu fertile.

Fraisier Duchesne. 368

Poiteau pinx.t De l'Imprimerie de Langlois. Bocourt sculp.t

N.

FRAISE DUCHESNE.

Fragaria pistillaris. Poit. et Turp.

ON sait que Duchesne a fait et publié, en 1765, une Histoire naturelle du Fraisier. Dans cette histoire figure une *Fraise Marteau*, nom qui m'a dérouté long-temps et m'empêchait de la reconnaître, me figurant toujours qu'elle devait représenter un marteau. A la fin Duchesne me la fit voir dans son jardin à Versailles: elle n'avait nullement la forme d'un marteau, mais bien celle du gros bout d'un pilon. Duchesne a ensuite fait l'article Fraisier dans le *Cours d'Agriculture* de Déterville, et là il ne parle plus de sa Fraise Marteau qui existe toujours. Duchesne étant mort, j'ai cru devoir donner son nom à cette fraise, d'abord si mal nommée.

Le Fraisier Duchesne appartient à la section des *étoilés*, ainsi nommée parce que le calice étant appliqué sur les fruits, y produit une sorte d'étoile à cinq branches, qui ne se colore pas comme le reste du fruit. Cette même section s'appelle aussi les *croquelins*, parce que, quand on détache la queue du fruit, on entend le bruit d'un petit craquement. Les quatre ou cinq fraisiers appartenant à cette section sont des plantes grêles, à feuillage petit et moyen, d'un vert bleuâtre; les hampes sont menues, et s'inclinent vers la terre quand les fruits grossissent.

Les Fraises Duchesne sont de moyenne grosseur, allongées du côté du calice, ventrues et arrondies en tête de pilon par l'autre bout, lavées de rouge terne d'un côté, souvent verdâtre, ou peu colorées de l'autre. Il y a fort peu de graines parfaites, et, chose singulière, elles sont saillantes sur certains fruits, et enfoncées dans des alvéoles, sur d'autres pris sur la même plante. La chair est ferme, et contient beaucoup de jus; sa saveur est relevée, d'un goût particulier très difficile à définir, qui plaît aux uns et déplaît aux autres.

La plante redonne quelques fleurs à l'automne, dont les fruits n'ont pas le temps de mûrir.

Depuis que j'ai fait le dessin ci-joint, j'ai vu des fruits une fois plus gros que ceux qu'il représente.

V.

Fraisier de Bargemon. 268.

Poiteau pinx.t De l'Imprimerie de Langlois. Giraud sculp.t

FRAISIER DE BARGEMON.

Fragaria bargea. Poit. et Turp.

CE Fraisier est ainsi nommé sans doute de la ville de ce nom située dans les Alpes ; cependant, il n'est pas certain qu'il croisse dans les environs de cette ville, car, selon Duchesne, on n'y trouve que le Fraisier des quatre saisons. Quoi qu'il en soit, le Fraisier de Bargemon a la souche souterraine noirâtre en dehors, et d'un vert rougeâtre en dedans. Ses feuilles sont d'un vert léger ou blond, grandes à-peu-près comme celles du Fraisier des bois ; mais leurs folioles sont plus arrondies au sommet. Les pétioles, longs de 15 à 18 centimètres (6 à 7 pouces), sont munis d'un peu de poils divergens.

Les hampes sont nombreuses, très menues, rougeâtres dans la partie supérieure, et velue comme les pétioles, divisées dans le haut et très florifères. Les fleurs sont larges de 24 millimètres (10 lignes), et leurs pétales n'ont pas l'onglet jaune comme dans d'autres espèces.

A mesure que les fruits grossissent, leur poids entraîne les hampes, qui finissent par se coucher entièrement sur terre ; ces fruits sont nombreux, et mûrissent presque tous en même temps; les plus gros n'ont guère que 18 millimètres (8 lignes) de diamètre; les uns sont arrondis, les autres figurés en demi-ove; tous sont d'un rouge brun obscur, même noirâtre dans la grande maturité, marqués par derrière d'une étoile moins colorée que le reste, causée par l'application du calice. Les graines sont nombreuses, peu enfoncées, les unes brunes, les autres jaunes; plusieurs avortent.

La chair est assez ferme, l'eau est bien parfumée, mais très acide, de sorte qu'il faut que le fruit soit très mûr, presque noir, pour être mangé: alors il est excellent, préférable même quelquefois à la Fraise des bois en ce qu'il est plus parfumé.

Cette Fraise mûrit après celle de Montreuil et l'Ananas. Comme elle est toujours couchée par terre, à cause de la faiblesse des hampes, il faut couvrir la terre de mousse ou de paille propre autour du pied, afin que les fruits ne se salissent pas. Ce soin est nécessaire pour les autres espèces de sa section, qui ont toutes les hampes très faibles.

Ce Fraisier refleurit aisément l'automne, mais il a rarement le temps de mûrir les fruits de cette seconde saison.

Fraisier hétérophylle.

Poiteau pinx.t De l'Imprimerie de Langlois Gabriel sc.

FRAISIER HÉTÉROPHYLLE.

Fragaria heterophilla. Poit. et Turp.

CE fraisier n'est pas l'un de ceux qui puisse se recommander pour la grosseur et la qualité de son fruit, mais il est un de ceux qui s'éloignent de la loi générale, sans que l'on sache pourquoi, et qui, en conséquence, excite toujours l'intérêt de ceux qui cherchent à découvrir pourquoi et comment la nature s'éloigne de son plan, ou semble confondre deux plans différens en un seul. Il est dans l'ordre naturel que tous les fraisiers aient leurs feuilles composées de trois folioles; et en voilà un qui en montre constamment trois, quatre et cinq. Il y a une soixantaine d'années, Duchesne a obtenu un fraisier dont les feuilles ne montrent qu'une foliole, et ce fraisier se perpétue avec le même caractère dans nos jardins : ainsi la loi générale se modifie, tantôt en moins, tantôt en plus. Faut-il en conclure qu'il n'y a rien de véritablement stable dans la nature? Et nos croyances, et nos....

Le fraisier hétérophylle est de la section des *éloités:* quand il commence à pousser, toutes ses feuilles sont trifoliées; ensuite il en pousse de quaternées et de quinées. Ses premières fleurs sont verdâtres, et naissent sur des hampes très courtes; les suivantes sont blanches, et naissent sur des hampes aussi longues que les feuilles.

Le fruit est arrondi, du diamètre de 18 à 20 millimètres (8-9 lignes), ferme, un peu velu, d'un rouge brun ou terne en dehors, dans la grande maturité, rouge clair ou blanc en dedans. Il est couvert d'une grande quantité de graines, grosses, dures, jaunâtres ou lavées de pourpre, logées dans de légers enfoncemens.

Cette fraise, quoique ferme, a du sucre et du jus; mais sa saveur est si particulière et si exaltée, qu'elle peut paraître désagréable. Le fraisier refleurit abondamment à l'automne : alors ses fleurs sont souvent plus belles, plus grandes, et mieux constituées que celles du printemps, et quelques fruits mûrissent en octobre.

Ce fraisier ne peut être cultivé pour le profit, mais il doit trouver place dans les collections et chez les amateurs de raretés singulières.

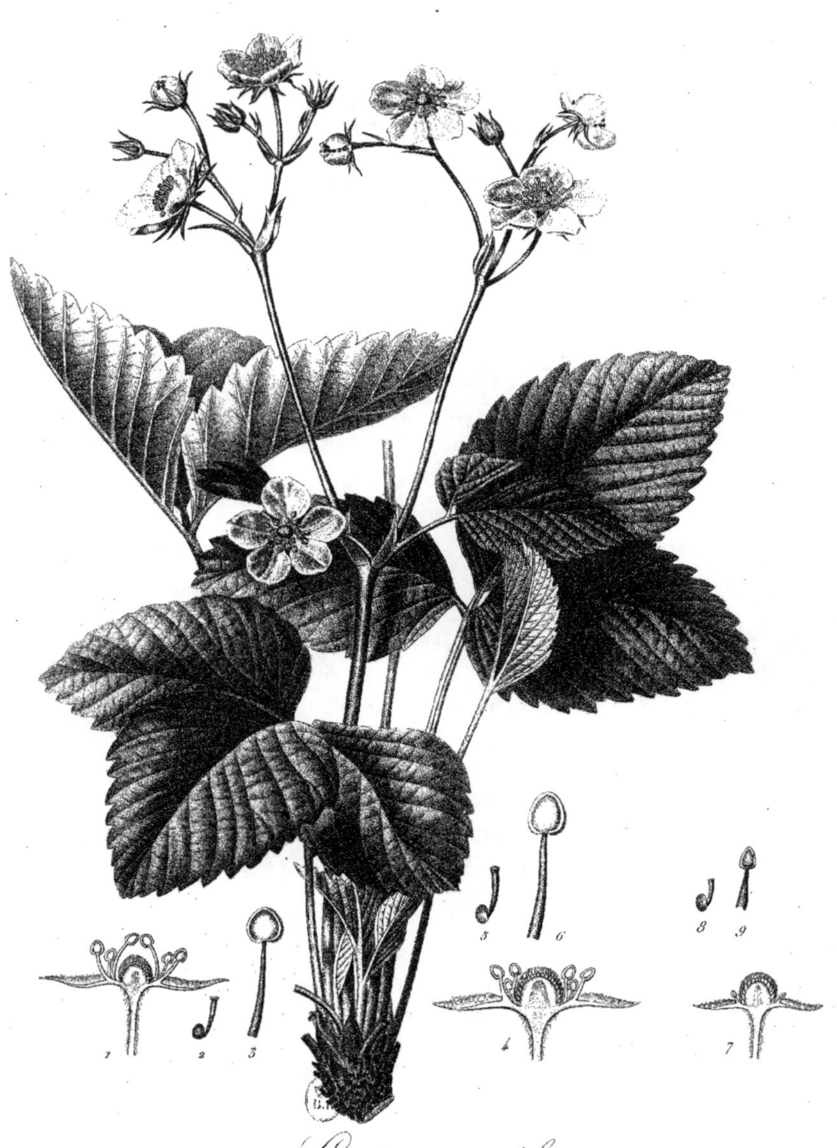

Capron mâle.

206.

Poiteau pinx.t De l'Imprimerie de Langlois. Gabriel sculp.t

FRAISIER CAPRON MALE.

Fragaria elatior mascula. Poit. et Turp.

LA patrie de ce Capron n'a pas encore été définitivement déterminée par les botanistes; les uns le disent originaire de l'Amérique du nord, les autres de la Suède; je l'ai trouvé en deux endroits différens dans mes herborisations aux environs de Paris, assez loin des habitations pour qu'on puisse le croire indigène, mais ce n'est qu'une conjecture. Quoi qu'il en soit, il y a long-temps qu'il est dans les jardins. Il y a été introduit probablement dès le temps où la connaissance des sexes des plantes n'était pas encore devenue vulgaire; et lorsque cette connaissance s'est répandue parmi les jardiniers, on l'y aura laissé pour féconder les femelles de sa section : mais depuis que nous possédons le Capron royal, dont les fleurs sont hermaphrodites, pouvant, non-seulement se féconder elles-mêmes, mais encore féconder les fleurs femelles de Capron qui se trouvent dans les environs, la présence du Capron mâle ou stérile a été jugée moins nécessaire dans les jardins, et on a commencé à lui faire la chasse. Cependant, soit par ignorance ou par indifférence de la part des propriétaires, on le rencontre encore dans quelques jardins, où il trouve grâce, peut-être par la grandeur et l'abondance de ses fleurs, car il est le plus beau des Fraisiers au temps de la floraison, et d'une vigueur telle que si on n'y prenait garde, il aurait bientôt fait disparaître tous les autres Fraisiers pour s'établir à leur place.

Il y a actuellement dans nos cultures trois variétés de Caprons à fleurs femelles, et qui seraient exposés à ne jamais fructifier sans le secours d'une fécondation étrangère. Eh bien! la bonne nature est venue à leur secours, elle a fait le Capron mâle dont toute la fonction est de répandre son pollen sur les stigmates des fleurs qui manquent d'étamines, et les faire porter fruit. Ceci n'est pas une hypothèse, c'est un fait prouvé par l'expérience. En 1808, l'école des arbres fruitiers du Jardin-du-Roi possédait dans sa collection de Fraisiers deux variétés de Capron femelle qui ne donnaient jamais de fruit. Je connaissais l'endroit où se trouvait le Capron mâle à l'état sauvage dans le parc de Saint-Cloud; j'en arrachai quelques pieds que je replantai auprès des femelles stériles du Jardin-du-Roi, et l'année suivante elles ont rapporté du fruit en quantité.

Aujourd'hui que le Capron royal est assez répandu dans nos jardins, le Capron mâle est devenu moins nécessaire, et il n'y a guère que la curiosité qui peut porter à le conserver. Sa conservation est donc devenue problématique en culture; et comme il pourrait devenir très rare ou être banni de nos jardins, j'ai cru devoir en faire le portrait et le publier dans cet ouvrage.

Explication des figures (toutes sont beaucoup grossies).

1. Coupe verticale d'une fleur de Capron mâle, dont les pétales sont supprimés.
2. Ovaire avec son pistil latéral.
3. Etamine.
4. Coupe d'une fleur de Capron royal ou hermaphrodite parfaite.
5. Ovaire et son style.
6. Etamine.
7. Coupe d'une fleur de Capron femelle.
8. Ovaire et son style.
9. Étamine avortée de la fleur femelle.

Observation. — En examinant la fleur de Capron femelle, n° 7, on voit que les étamines sont restées à l'état rudimentaire, et en les soumettant au verre grossissant, n° 9, on s'assure qu'elles ne contiennent pas de pollen, et que c'est la cause de la stérilité des ovaires, n° 8. Mais en examinant la fleur du Capron mâle, dont les anthères sont parfaites et remplies de pollen, on ne trouve pas de raison pour expliquer la stérilité des ovaires de la même fleur, car la loupe les montre tout aussi bien conformés que ceux du Capron royal et du Capron femelle.

Capron commun.

207.

Poiteau pinx.t De l'Imprimerie de Langlois. Bouquet sculp.t

FRAISIER CAPRON COMMUN.

Fragaria elatior communis. Poit. et Turp.

VOICI le Capron, le plus anciennement cultivé dans les jardins. C'est l'individu femelle de l'espèce primitive dont on trouve l'individu mâle dans nos bois, appelé Capron mâle, et que le vulgaire désigne par le nom de Fraisier coucou, parce qu'il ne produit pas de fruit. Il est probablement la souche de tous les autres Caprons, même du Capron royal.

Ses hampes et ses feuilles, quoique très vigoureuses, s'élèvent cependant moins que celles du Capron mâle ou fraisier coucou; les ramifications des hampes sont moins longues, et produisent moins de fleurs.

Ces fleurs sont aussi moins grandes; et tandis que dans le Capron mâle, les ovaires avortent et les étamines restent fertiles, ici les ovaires sont fertiles et les étamines stériles. C'est pourquoi, si l'on veut obtenir des fruits de ce Capron, il faut planter auprès ou le Capron mâle ou le Capron royal.

Quand les fleurs de ce Capron ont été fécondées, il leur succède des fruits coniques (rétrécis cependant auprès du calice), longs de 3 centimètres (1 po.), couverts d'une assez grande quantité de graines jaunes ou rouges, saillantes ou très peu enfoncées. Lorsque ces fruits ont aquis du volume, on ne voit plus de graines dans le voisinage du calice, qui alors rejette ses découpures en arrière; les fruits prennent en mûrissant un rouge terne qui passe au rouge brun foncé dans l'extrême maturité. La chair est d'un blanc jaunâtre, quelquefois rougeâtre, fondante, aqueuse, parfumée, plus ou moins relevée.

La saveur et le goût particulier aux Caprons varient tellement dans chacune des variétés, et selon les circonstances, que je n'ose assurer avec mes prédécesseurs que telle ou telle variété vaut mieux que telle ou telle autre.

Tous les Caprons mûrissent du 10 juin au 10 juillet. Il n'y a que le Capron royal qui tienne ses hampes droites; tous les autres ont besoin qu'on soutienne leur hampe en les attachant à de petits tuteurs pour que leurs fruits ne traînent pas à terre.

Capron royal.

N.° 16

Poiteau pinx.t De l'Imprimerie de Langlois. Bouquet sc[...]

FRAISIER CAPRON ROYAL.

Fragaria elatior regalis. Poit. et Turp.

E Capron, digne du nom qu'il porte, n'était pas connu au temps de Duhamel. Il fut, dit-on, envoyé de Bruxelles à Fontainebleau, et c'est tout ce que je sais de son histoire. Lindley père, dit que c'est lui qui l'a trouvé dans un semis de Capron commun, mais il ne dit pas en quelle année. Maintenant on le trouve dans un grand nombre de jardins; ses fleurs sont hermaphrodites, tandis que celles des autres Caprons sont dioïques; dès-lors il y a beaucoup d'avantage à le préférer, surtout pour les personnes qui n'ont pas étudié les sexes des plantes, ni l'acte important de la fécondation. Non-seulement il se féconde lui-même, mais il peut encore féconder les Caprons femelles qui se trouvent dans le voisinage, et rendre inutile la présence du Capron mâle dans la culture.

Quant à la vigueur, le Capron royal semble tenir le milieu entre le Capron mâle et ceux dont la fleur est simplement femelle. Il forme de grosses touffes et jette un grand nombre de filets, souvent rougeâtres, qui se multiplient considérablement. Ses feuilles paraissent aussi plus étoffées, plus fortes et plus rudes que celles des Caprons framboises et abricots.

Les hampes s'élèvent au-dessus des feuilles au temps de la floraison; mais elles sont dépassées à leur tour par les feuilles vers le temps de la maturité des fruits : cependant ces hampes n'ont guère moins de 161 à 216 millimètres de hauteur; elles se divisent vers le sommet en plusieurs courtes ramifications, et se terminent par douze ou quinze fleurs rapprochées en bouquet, larges de 34 à 42 millimètres, bien ouvertes, ayant les pétales arrondis, allongés à la base et ayant l'onglet jaune. Toutes les étamines sont parfaites et fertiles; à leur centre s'élève un gros receptacle hémisphérique, couvert d'ovaires ayant chacun un style latéral (caractère de la famille) et jaunâtres comme les étamines. Après la chute des pétales, le pédoncule s'incline de suite; et les filets des étamines persistent jusqu'à la maturité du fruit.

Celui-ci est pendant, ovoïde du diamètre du 3 centimètres, très adhérent, ferme, un peu velu près du calice; il prend d'abord un rouge assez vif qui passe ensuite au rouge noir.

Les graines sont saillantes sur la peau. Elles ne commencent à se montrer qu'à une certaine distance du calice qui, comme dans tous les Caprons, se rejette en arrière.

La chair, ordinairement blanche, se lave d'un peu de rouge dans quelques circonstances; elle est ferme, parfumée, musquée, mais on pourrait désirer qu'elle ait un peu plus d'eau. Comme dans toutes les grosses fraises, on trouve quelquefois un vide au centre de ce Capron.

Cette fraise mûrit abondamment dans tout le courant de juin. Tout le monde n'aime pas le goût particulier des Caprons, et il y a des personnes qui les préfèrent aux autres fraises. D'ailleurs ils sont plus ou moins bons selon qu'ils ont cru à bonne ou mauvaise exposition et en terre plus ou moins convenable.

A. Capron abricot. B. Capron framboise. 209 et 210

Poiteau pinx.t De l'Imprimerie de Langlois. Bouquet sculp.t

FRAISE CAPRON-ABRICOT.

Fragaria elatior rotunda. Poit. et Turp.

OUS les Caprons ayant les feuilles semblables, il est assez difficile de les distinguer lorsqu'ils ne sont pas en fruit. Leurs fleurs, excepté celles du Capron royal, sont toutes femelles et ont besoin pour fructifier d'être fécondées par les étamines du Capron mâle ou du Capron royal.

Le Capron-Abricot se distingue des autres par son fruit arrondi ou ovoïde; sa hauteur est de 2 ou 3 centimètres (8 ou 12 lignes); ses graines sont saillantes à la surface et non enfoncées dans des alvéoles. Il prend un rouge brun dans la maturité; sa chair sa saveur sont à très peu près les mêmes, selon moi, que dans le Capron commun.

FRAISIER CAPRON-FRAMBOISE.

Fragaria elatior favosa. Poit. et Turp.

ANS le Capron-Abricot les graines sont saillantes sur le fruit; dans celui-ci elles sont enfoncées dans des alvéoles assez profondes, où, comme dit Duchesne la chair se boursoufle entre les graines; quant à la couleur, celui-ci est d'un rouge plus clair et sa chair est plus fondante, plus vineuse et parfumée de framboise. Il donne souvent une seconde récolte en octobre.

Il y avait environ vingt ans que cette variété était cultivée dans l'école des arbres fruitiers du Jardin des Plantes et n'avait jamais fructifié, lorsqu'en 1808 M. Thouin voulut bien me permettre de vérifier, de mettre en meilleur ordre les fraisiers de cette école, et d'y ajouter ceux que je savais y manquer. J'y plaçai entre autres le Capron mâle et le Capron royal, et la même année, celui qu'on ne connaissait pas, qui ne fructifiait jamais, donna des fruits parfaits qui se sont trouvés être le Capron-Framboise, figuré dans la gravure ci-contre avec le Capron-Abricot.

Fraisier de Virginie à petites fleurs.

45

Poiteau Pinx. De l'Imprimerie de Langlois. Bouquet Sc

N.° 1

FRAISIER DE VIRGINIE

A PETITE FLEUR.

Fragaria Virginiana parviflora. Poit. et Turp.

UHAMEL ne parle pas avec son exactitude ordinaire de la fleur du fraisier de Virginie, et la figure du fruit qu'il nous a laissée ne me paraît pas fidèle. Il paraît certain que cet auteur n'a eu que des notions vagues sur l'existence de l'espèce à grande fleur, tandis que Le Berriays et Duchesne paraissent n'en avoir pas connu d'autre.

Quant à celle-ci, c'est la *Fragaria canadensis* de la *Flor. bor. Amer.* Je m'en suis assuré dans l'herbier de Michaux. Elle était jusqu'en 1809 la seule connue et cultivée au Jardin-des-Plantes, quoique dès-lors celle à grandes fleurs fût cultivée dans beaucoup de jardins aux environs de Paris.

Ce fraisier forme de grosses touffes, et ne jette pas beaucoup de filets. Ses feuilles sont grandes, minces, d'un vert bleuâtre.

Les premières fleurs paraissent sortir de terre, tant la hampe qui les porte est courte; bientôt après on voit paraître successivement quatre ou cinq autres hampes, les unes très menues, les autres de la grosseur des pétioles; les plus longues atteignent rarement 12 centimètres de hauteur; toutes se divisent et forment chacune une espèce d'ombelle composée d'une douzaine de petites fleurs à pétales étroits; les ovaires sont nombreux et bien constitués; mais les étamines sont très petites, et paraissent ne pas contenir de pollen.

Une hampe ne noue guère que de cinq à huit fruits qui sont très rapprochés, inclinés, ordinairement arrondis, quelquefois ovoïdes, et même un peu allongés, et comme étranglés vers le point d'union avec le calice, comme le représente la figure *a*. Leur grosseur varie entre 14 et 24 millimètres (6 à 10 lignes); leur couleur est toujours d'un rouge écarlate très vif dans l'ombre, un peu rembrunie au soleil ou par l'extrême maturité.

Les graines sont logées dans des alvéoles si profondes, qu'il en résulte un caractère facile pour distinguer cette espèce.

La chair est blanche, ferme, quelquefois même un peu sèche; son parfum est particulier, assez difficile à définir; il paraît très agréable à beaucoup de personnes, tandis que d'autres n'en font pas de cas. Quant à moi, j'ai trouvé cette fraise excellente ou insignifiante, selon la localité et l'état de maturité.

Cette fraise est la plus précoce de toutes : elle commence à mûrir dès la fin de mai, et dure jusqu'à la fin de juin. C'est une espèce qui, vu sa précocité, semblerait propre à être forcée. Je remarque encore que cette espèce noue très bien ses fruits sans le secours de fécondation étrangère, et pourtant ses étamines me semblent absolument stériles.

Fraisier de Virginie (Grandes fleurs.) 27.e

Poiteau pinx.t De l'Imprimerie de Langlois. Gabriel sculp.t

FRAISIER DE VIRGINIE

A GRANDES FLEURS.

Fragaria Virginiana grandiflora. Poit. et Turp.

DEPUIS long-temps, on trouve dans nos cultures deux Fraisiers sous le nom de Fraisier de Virginie. En les examinant avec attention, il y a plus de 20 ans, j'ai reconnu que l'un avait les fleurs plus petites que l'autre, que celui à petites fleurs était le *F. canadensis* de Michaux, et celui à grandes fleurs le *F. virginiana* du même auteur. Ce dernier est beaucoup mieux connu dans les jardins que le premier, dont on trouvera aussi l'histoire dans cet ouvrage.

Le Fraisier de Virginie à grandes fleurs a le même port que celui à petites fleurs; ses feuilles ont la même grandeur, le même ton bleuâtre; elles sont également minces, flexibles et presque glabres; mais ici les fleurs sont larges de 3 centim. (1 pouce), hermaphrodites parfaites, tandis que dans l'autre espèce, les fleurs n'ont guère que 2 cent. (8 lignes), sont femelles, ou n'ont que des étamines imparfaites. Les premières fleurs qui s'épanouissent sont ici portées sur des hampes plus longues que dans l'autre.

Les fruits sont un peu plus gros, moins ronds, mais ils ont également la belle couleur écarlate et les grandes fossettes dans lesquelles les graines sont nichées.

La chair est ferme, quelquefois un peu sèche, relevée d'un parfum particulier très variable selon les localités, mais toujours agréable à l'exposition du midi.

On cueille ces Fraises, ainsi que celle de l'espèce mentionnée plus haut de la fin de mai à la fin de juin, c'est-à-dire qu'elles sont les plus précoces de toutes. Elles ont d'autant plus besoin d'être moussée qu'elles sont plus près de terre.

157.

Poiteau pinx.t *Fraisier de Bath.* Bouquet sculp.t

FRAISE DE BATH.

Fragaria bathonica. Poit. et Turp.

LE Fraisier de Bath, toujours moins élevé que celui de Caroline, est à-peu-près de la taille du Fraisier Ananas, mais il est moins velu que ce dernier et l'est plus que l'autre; ses racines sont grosses, noirâtres et rameuses; ses pétioles plus gros et moins longs que ceux des espèces précitées, sont d'un vert jaunâtres et ne se teignent pas de rouge comme eux.

Les folioles qui les terminent sont plus ou moins pédicellées, plus épaisses, plus fortes, plus larges, et plus arrondies que celles du Fraisier de Caroline: elles sont aussi plus luisantes, c'est-à-dire qu'elles le sont autant que dans la Fraise Ananas, mais ces différences et ces ressemblances, quoique constantes, sont extrêmement difficiles à saisir par un œil peu exercé. Les fruits seuls offrent des différences tranchantes et faciles à saisir.

Les fleurs sont nombreuses, blanches, hermaphrodites, larges de 15 à 20 lignes (34 à 45 millimètres), portées sur des hampes les unes très courtes, les autres longues de 2 à 4 pouces (54 à 108 millimètres) jusqu'à leur première division, et plus velues que les pétioles. Les premières fleurs ont 6 à 7 pétales et 12 ou 14 divisions à leur calice; mais les dernières fleurs rentrent dans l'ordre et n'ont plus que 10 divisions au calice et 5 pétales à la corolle.

Les fruits varient beaucoup de forme et de grosseur: les uns sont arrondis, d'autres ovales ou allongés en œuf; on en trouve même qui sont ou comprimés ou plus ou moins lobés, et les plus gros ont 18 lignes (41 millimètres) de diamètre. Il en est peu qui aient moins de 3 pouces (81 millimètres) de circonférence.

Leur couleur est un blanc un peu jaunâtre qui se lave de rose plus ou moins foncé du côté du soleil, et ce rose se change assez souvent en ponceau, mais toujours plus faible que celui de la Caroline. Quand un fruit mûrit à l'ombre d'une feuille, il reste tout blanc. Les graines, jaunes dans l'ombre et rouges au soleil, sont nichées dans des enfoncemens considérables, et ces enfoncemens joints à la couleur du fruit, sont les deux caractères qui distingue la Fraise de Bath des Fraises Ananas et Caroline.

La chair est blanche, sucrée, fondante, moins ferme et moins relevée que celle de la Fraise Ananas. Si le fruit est très gros, on trouve à son centre un vide dans lequel est l'axe qui l'attache au calice, et auquel il reste souvent adhérent lorsqu'on cueille la Fraise.

Cette Fraise commence à mûrir au commencement de juin et dure jusqu'à la fin du mois. En général, son parfum est plus faible que celui des Fraises Ananas et Caroline, mais cette qualité varie tellement dans ces trois espèces, qu'il ne serait pas étonnant de trouver le parfum de celle-ci plus relevé que dans les autres. J'ai même cru quelquefois lui trouver une saveur d'Ananas plus prononcée que dans celle qui en porte le nom. On en possède actuellement une variété à fruit long.

Fraisier de Caroline à fruit rond

156.

Poiteau Pinx. De l'Imprimerie de Langlois. Bouquet Sculp.

FRAISIER DE CAROLINE

A FRUIT ROND.

Fragaria Caroliniana. Poit. et Turp.

N 1766, lorsque Duchesne publiait son histoire naturelle des fraisiers, il ne connaissait pas cette fraise, et ce qu'il disait de la fraise Ananas de Miller et des Hollandais peut s'appliquer aussi bien à celle-ci qu'à celle-là, mais comme dès 1771 l'usage était déjà établi à Brest de planter des fraisiers de Caroline parmi ceux du Chili pour féconder ces derniers, il est bien probable que le fraisier de Caroline était connu avant que Duchesne n'écrivît son livre. A cette époque, les Bressans l'appelaient fraisier d'Angleterre, et en 1805 ils l'envoyaient à Paris sous le nom de fraisier de Barbarie. Enfin, le nom de fraise de Caroline est aujourd'hui bien établi, quoique le fruit qui le porte n'ait pas encore été trouvé en Caroline, qu'on ignore si elle a été dédiée à une personne du nom de Caroline, et qu'on ne sache même pas si elle est une espèce naturelle ou une hybride née d'une fécondation croisée. Cependant on s'accorde à la considérer comme d'origine américaine.

Quoi qu'il en soit, le fraisier de Caroline se range naturellement dans la section des fraises Ananas; il en est même le plus grand et le plus vigoureux; ses feuilles sont nombreuses, portées sur des pétioles longs de six à douze pouces dans les jardins, munis d'un sillon longitudinal et de poils fins étalés, surtout vers la base; les folioles, plus larges et plus étoffées que dans la section des écarlates, sont toutes pétiolulées, d'un vert bleuâtre en dessus, d'un vert pâle en dessous, bordées de dents ovales et pointues.

Parmi les quatre ou cinq hampes que ce fraisier pousse au printemps, quelques-unes restent forts courtes; les autres, plus grosses et plus raides, atteignent une longueur de trois ou quatre pouces jusqu'à leur première bifurcation; ces hampes sont un peu plus velues que les pétioles, et en se ramifiant la plupart produisent chacune de quinze à vingt fleurs hermaphrodites, larges de douze à dix-huit lignes en bonne culture, et qui sont légèrement odorantes. Parmi les premières développées, il s'en trouve qui ont le calice à douze ou quatorze divisions et six ou sept pétales; mais les dernières n'offrent aucune partie surnuméraire.

Le fruit est gros, ovale ou arrondi, d'un diamètre de douze à quinze lignes, constant dans sa forme, d'un rouge safrané qui passe au rouge ponceau et de là au rouge de feu dans la parfaite maturité.

La chair de ce fruit est assez ferme, ordinairement blanche au centre et rougeâtre vers la circonférence, et quelquefois assez rouge dans tout l'intérieur; les plus gros fruits ont souvent un vide autour de l'axe central, ce qui est un défaut dans les fraises. Le parfum est assez vif et la saveur agréablement acidulée. Quant aux graines, elles sont toujours saillantes sur cette fraise dont la maturité a lieu du commencement à la fin de juin, et qui se vend sur les marchés plus souvent sous le nom de fraise Ananas que sous celui de Caroline.

Le fraisier qui porte ce beau fruit doit être renouvelé après la deuxième récolte, autrement il ne fleurit presque plus. Ce renouvellement après deux récoltes est nécessaire pour tous les fraisiers et indispensable pour les espèces vigoureuses et à grand feuillage comme celle-ci, outre le soin qu'il faut avoir de ne pas les laisser produire des coulans.

Nota. Les Anglais, par des fécondations croisées entre cette fraise, qu'ils appellent *old-Caroline,* et celle de Virginie, ont obtenu un grand nombre de variétés qui rendent la classification des fraises très difficile.

Fraisier de Caroline (à fruit long.) 136.

Poiteau pinx.t De l'Imprimerie de Langlois.

FRAISE DE CAROLINE

A COU LONG.

Fragaria caroliniana fructu oblongo. Poit. et Turp.

IL est notoire que les horticulteurs ou amateurs anglais se sont occupés avant nous, et plus sérieusement que nous, des semis de Fraisiers, et qu'ils en ont obtenu des variétés dont plusieurs sont aujourd'hui répandues sur le continent. Un peu plus tard, on a semé aussi en France, non aussi abondamment que les Anglais, mais assez cependant pour avoir retrouvé quelques-unes des variétés obtenues en Angleterre. Sous l'Empire, le jardinier du potager de Versailles, M. Souchet, semait des fraisiers, et il en a obtenu plusieurs variétés intéressantes, dont quelques-unes se conservent dans les collections, entre autres, celle du dessin ci-joint.

En 1831, Lindley, célèbre botaniste anglais, a publié sous le nom de son père un ouvrage qui a pour titre *Guide to the Orchard and Kitchen garden*, etc., dans lequel l'auteur débrouille la synonymie des Fraises cultivées en Angleterre. Lindley réduit toutes ces Fraises à soixante-deux espèces ou variétés, auxquelles il rapporte deux cent vingt-six noms sous lesquels elles étaient désignées. Pour donner une idée de la confusion qui régnait dans la nomenclature de ces Fraises, je dirai que l'espèce qui conserve le nom de *Old Pine* a dix-sept synonymes dans Lindley.

Quant à la Fraise en question, je ne puis dire si les Anglais l'ont obtenue avant nous, ni si nous l'avons obtenue avant eux, puisque Lindley ne donne pas de date; mais je crois la reconnaître parfaitement dans celle qu'il nomme *Long Scarlet.* D'abord, Lindley la place dans la section des écarlates; ensuite elle est la seule de cette section à laquelle l'auteur reconnaît un cou long, (*long neck*), laquelle partie étant sans graines, est d'un lustre particulier, ou d'apparence d'un léger écarlate brillant. Le reste de la description va aussi parfaitement à notre Fraise, et doit nous porter à penser que des variétés semblables, du moins pour nos sens, peuvent se produire en même temps ou en temps différent dans divers pays. N°27

Fraisier ananas. 158.

Poiteau pinx.t — De l'Imprimerie de Langlois. — Bouquet Sculp.t

FRAISE ANANAS.

Fragaria grandiflora. Poit. et Turp.

VOICI une espèce de fraise dont tout le monde parle, que peu de personnes connaissent, et qui depuis un assez grand nombre d'années est extrêmement rare aux environs de Paris. Quand je la rencontre dans quelques jardins, elle est toujours mêlée et confondue avec la fraise de Caroline et de Bath, et le plus souvent le propriétaire ne l'a jamais distinguée : ces trois espèces sont toutes pour lui la fraise Ananas. Dans les marchés, on vend chaque année non-seulement la Caroline et la Bath sous le nom d'Ananas, mais aussi les diverses sortes de caprons.

La fraise Ananas est cependant bien caractérisée, et j'espère qu'au moyen de la figure ci-jointe on la distinguera dorénavant avec la plus grande facilité. Son caractère distinctif est dans son pédicelle, qui, au lieu d'être d'égale grosseur dans toute sa longueur, s'épaissit en massue à mesure qu'il approche du fruit : la fraise Ananas est la seule qui offre ce caractère.

Le fraisier Ananas est moins élevé que celui de la Caroline; ses pétioles sont plus courts, plus gros, plus divergens d'un côté et d'autre, beaucoup plus velus, pas autant cependant que dans le fraisier du Chili; ils sont aussi la plupart rougeâtres à leur origine; les poils, d'abord appliqués ou pressés contre le pétiole, s'étendent par la suite et deviennent à-peu-près divergens.

Les folioles qui terminent ces pédoncules sont grandes, ovales, glauques en dessous, d'un vert foncé et bleuâtre en dessus, bordées de grandes dents arrondies et terminées par une petite pointe rougeâtre.

Les hampes sont moins nombreuses, plus courtes, plus velues que celles du fraisier de Bath, et produisent des fleurs de la même grandeur; les premières épanouies ont souvent six ou sept pétales et douze ou quatorze divisions à leur calice, et celles qui se développent les dernières se sèchent et ne donnent pas de fruit. Après la floraison, les pédicelles fructifères s'inclinent, grossissent considérablement vers le fruit, circonstance qui ne se remarque que dans cette seule espèce.

Le fruit a à-peu-près la même forme et la même grosseur que la fraise de Caroline, mais elle est d'un rouge plus vif, et les graines, au lieu d'être saillantes, sont logées dans des alvéoles profondes. La belle couleur écarlate de sa peau se rembrunit un peu dans la grande maturité, et l'intérieur de la chair passe alors du blanc au rouge.

J'ai figuré un fruit détaché d'une forme allongée qui forme une sous-variété d'Ananas, et que l'on perpétue par coulans, comme l'Ananas même; de sorte que nous avons dans nos cultures deux fraises de Bath, deux fraises de Caroline et deux fraises Ananas qui se distinguent en rondes et en longues.

La fraise Ananas mûrit dans le commencement de juin; elle est supérieure à la fraise de Caroline, en ce qu'elle a la chair plus ferme et le parfum beaucoup plus relevé. Quant à la saveur ou à l'odeur d'ananas qu'on a cru y trouver, rien ne me paraît moins certain ou moins constant.

Fraisier Souchet.

189.

Poiteau pinx.t De l'Imprimerie de Langlois. Bocourt sculp.t

FRAISIER SOUCHET.

Fragaria Suchiana, Poit. et Turp.

I

C'EST à M. Souchet, l'un des jardiniers de la couronne sous Louis XVIII, que nous devons ce fraisier. Voici quelques particularités sur sa naissance.

En 1808, M. Souchet, jardinier en chef au potager de Versailles, recueillit quelques graines sur un fraisier du Chili, qui se trouvait au pied d'un mur dans une plate-bande au midi. Ce fraisier du Chili était isolé et éloigné de toute autre espèce d'environ 35 à 40 toises; si l'on soupçonne qu'il avait pu être fécondé par une espèce étrangère, c'est le Capron qui se trouvait avoir le moins d'obstacle et dont la poussière pollinique aurait eu le moins d'espace à parcourir pour cette opération. Quoi qu'il en soit, les graines ayant été semées, il n'en est levé que trois pieds, parfaitement semblables entre eux dans toutes leurs parties, mais différant du fraisier du Chili, leur mère, et de tous les fraisiers connus.

Quand ces trois plantes ont fructifié, M. Souchet en a semé les graines et elles ont produit des fraisiers parfaitement identiques avec leur mère, sans aucune nuance de variétés. Ceux-ci se sont reproduits semblables à eux-mêmes dans un second et un troisième semis, de sorte que la plante a paru irrévocablement fixée.

Maintenant, je demande aux botanistes ce que deviennent leurs lois sur les espèces et les variétés, et si l'hybridisme, dont l'existence ne peut guère être contestée, ne donne pas lieu de temps en temps, à de nouvelles plantes qu'on n'avait jamais vues auparavant.

Le fraisier Souchet est une espèce fort intéressante qui s'élève un peu plus haut que le fraisier du Chili, qui a ses feuilles plus grandes, d'un vert foncé et luisant en dessus; le dessous est blanchâtre et assez soyeux; les pétioles sont fort gros et se teignent quelquefois d'un rouge pâle.

Les hampes sont courtes, très raides, divisées; elles développent successivement chacune de six à dix fleurs larges de 18 lignes (41 millimètres), dont les premières sont ordinairement femelles et les autres hermaphrodites; de sorte que si ces dernières fleurs s'épanouissent trop tard pour pouvoir féconder les fleurs femelles de leur propre hampe, elles peuvent du moins féconder celles des autres hampes moins hâtives. Au reste, ces fleurs ont de 10 à 15 folioles à leur calice et de 5 à 8 pétales.

Après la défloraison, le jeune fruit s'incline; mais bientôt il se redresse, et son pédoncule prend la forme d'un S qu'il conserve jusqu'à la fin. Il ne noue ordinairement que 1,

2 ou 3 fruits sur chaque hampe; ils sont droits, arrondis, aplatis en dessus, assez uniformes, ayant pour terme moyen, 1 pouce (27 millimètres) de diamètre, 16 à 18 lignes, (36 à 41 millimètres de hauteur). Ils sont d'abord d'un rouge cinabre obscur, ensuite écarlate ou feu très luisans. Les graines sont nombreuses, rousses ou puces, légèrement enfoncées.

La chair est ferme, d'un blanc jaune, parfumée, relevée, très bonne, meilleure, selon moi, que celle de la fraise du Chili.

Cette fraise mûrit entre celle de Caroline et celle du Chili, et comble l'intervalle qu'il y a entre la maturité de ces deux espèces. Quant à sa culture, elle est la même que celle des espèces vigoureuses.

Dans un autre semis de graines du fraisier du Chili, M. Souchet a obtenu deux variétés à fruit pâle, l'un arrondi, l'autre pyramidal, que j'ai cru devoir figurer au bas de la planche ci-jointe, mais dont la qualité n'a pas paru mériter la culture.

Tant que M. Souchet est resté au potager de Versailles, il a cultivé avec soin la fraise à laquelle j'avais donné son nom; mais après son changement de résidence, son successeur n'ayant pas le même goût pour les expériences, a laissé perdre cette fraise, qu'il serait facile de faire renaître en semant des graines du fraisier du Chili, qui auraient été fécondées ou par un Capron ou par la fraise de Caroline.

Poiteau pinx.t Fraisier du Chili. Bocourt scu[lp.]

FRAISIER DU CHILI.

Fragaria Chilensis. Poit. et Turp.

VOICI un Fraisier dont l'histoire pourrait former un volume, et sur lequel le traité des arbres fruitiers de MM. Poiteau et Turpin, contient des détails intéressans auxquels je renvoie pour suppléer au peu qu'il m'est possible d'en dire ici.

Ainsi que son nom l'indique, ce Fraisier est d'origine américaine; il fut découvert près de la Conception au pied des Cordilières, par un officier de marine, nommé Frezier, qui l'a apporté en France et déposé à Brest en 1712. Il s'y est en quelque sorte naturalisé, ou du moins très multiplié, et c'est de cette ville que depuis lors on le tire de tous les endroits de la France, où on ne sait pas le conserver plus de deux à trois ans. C'est qu'en effet il est plus délicat que tous les autres Fraisiers; il lui faut absolument une terre particulière et des soins assidus, sans lesquels il périt promptement.

Ce Fraisier est dioïque, c'est-à-dire que les fleurs femelles se trouvent sur certains individus, et les fleurs mâles sur d'autres individus. M. Frezier n'a apporté que des individus femelles en France; et d'après l'opinion reçue, basée sur un grand nombre d'expériences, qu'il faut le concours des fleurs mâles et des fleurs femelles pour obtenir des fruits, on a pris l'habitude à Brest de planter des Fraisiers de Caroline ou des Caprons, parmi les Fraisiers du Chili, pour qu'une fécondation adultérine pût du moins s'opérer en place d'une fécondation légitime, et on en obtient, dans ce pays favorisé, plus de fruits que partout ailleurs.

Le Fraisier du Chili abonde en caractères qui le font facilement reconnaître parmi tous les autres. Sa souche est grosse et courte; ses feuilles sont peu nombreuses, courtes, plus épaisses, plus soyeuses et plus blanchâtres que dans ses congénères; leurs trois folioles sont aussi plus arrondies.

Les hampes ou tiges florifères sont d'une grosseur remarquable, et les fleurs qu'elles portent beaucoup plus larges que dans aucun autre Fraisier, ont ordinairement de 6 à 10 pétales au lieu de 5 qui est le nombre normal; les étamines sont courtes, informes, et paraissent ne pas contenir de pollen dans leurs anthères.

Le fruit est la plus grosse de toutes les Fraises; à Brest, sa grosseur se compare à celle d'un œuf de poule, et à Paris on en obtient quelquefois du même volume; dans sa forme normale, il est figuré en cone obtus très élargi à la base; mais il varie souvent et devient ovale, aplati et même lobé; sa surface est toujours luisante, d'un blanc jaunâtre dans l'ombre et lavé de vermillon du côté du soleil; ses graines qui, botaniquement parlant, sont des fruits, se trouvent placés dans d'assez grandes alvéoles: elles sont nombreuses, grosses et de couleur puce.

Quand on ouvre une de ces Fraises, on lui trouve la chair ferme, blanche du côté de l'ombre et légèrement teinte de vermillon du côté où cette couleur domine à la surface. Toujours il y a un vide au centre.

Si maintenant je recueille mes souvenirs pour apprécier les qualités de la Fraise du Chili, je dirai d'abord qu'à Paris comme à Brest, elle mûrit à la fin de juin; que dans les années pluvieuses elle est sans saveur, et que quand la saison est favorable, elle a un parfum agréable; que tantôt je lui ai trouvé la chair trop sèche, et que tantôt elle était humectée au point convenable.

Au résumé, le mérite de la Fraise du Chili consiste dans sa grosseur extraordinaire. C'est un fruit admirable pour les tables somptueuses, mais nullement convenable pour les marchés où la petite fortune s'approvisionne.

Quant à la culture du Fraisier du Chili, elle est peu répandue aux environs de Paris, à cause de la difficulté de le conserver. Pour y parvenir, il faut le placer à bonne exposition inclinée au midi, en terre argilo-siliceuse, légère, qui laisse l'eau s'infiltrer et s'échapper aisément. Je l'ai vu réussir parfaitement aussi en terre de bruyère, tandis qu'il ne vivait pas deux ans en terre calcaire.

Parmi les caractères particuliers à ce Fraisier, en voici encore deux que j'avais oublié de rappeler: l'un est qu'il perd ses feuilles pendant l'hiver, l'autre est que, tandis que tous ses congénères inclinent leurs fruits vers la terre au temps de leur maturité, il relève les siens verticalement.

GENRE MURIER.

Rubus Idæus. Poit. et Turp.

CE genre appartient à la famille des artocarpées, et se compose d'arbres exotiques à feuilles simples, à fleurs unisexes disposées en chaton, et a pour caractère commun, 1° *fleur mâle,* calice à quatre divisions, point de corolle, quatre étamines opposées aux divisions du calice; 2° *fleur femelle,* calice et corolle comme dans la fleur mâle, un ovaire monosperme, supère, surmonté de deux styles aigus; 3° un fruit composé de l'assemblage de toutes les fleurs femelles d'un chaton, dont les calices sont devenus charnus, succulens, et renferment chacun une graine.

HISTOIRE, USAGES, CULTURE.

Le nom de Mûrier ou *Morus,* qui vient du celtique *Mor,* noir, a été donné d'abord à l'arbre que nous appellons toujours Mûrier noir, et auquel on assigne l'Italie pour patrie : c'est le seul que les poètes aient chanté. Avec le temps on a découvert qu'il en croissait d'autres en Tartarie, en Chine, en Amérique, de sorte que les botanistes comptent aujourd'hui une douzaine d'espèces de Mûriers et au moins autant de variétés. Quoique les fruits de tous les Mûriers soient mangeables, il n'y a pourtant que ceux du Mûrier noir et du Mûrier rouge qui soient jugés dignes de paraître sur les tables; on les appelle *Mûres,* et c'est lorsqu'ils sont pleins d'un jus si coloré qu'on peut à peine les toucher sans se rougir les doigts, qu'ils ont acquis toute leur maturité et sont propres à être mangés.

Les mûres sont nourrissantes et rafraîchissantes à la manière des groseilles, des fraises et des framboises, mais elles n'ont, étant bien mûres, ni l'acide des premières, ni le parfum des autres; elles leur sont même inférieures quant à la saveur, et on les mange plutôt dans une vue hygiénique, comme rafraîchissantes, que pour toute autre raison. Un seul pied de Mûrier noir suffit pour la plus grande maison, mais quelques cultivateurs en élèvent un plus grand nombre, pour en vendre le fruit aux pharmaciens qui en extraient le jus et en font un sirop rafraîchissant.

Quoiqu'il n'y ait guère que les poules et les enfans qui mangent les fruits du Mûrier blanc, et que je pourrais conséquemment me dispenser de parler de cet arbre dans un ouvrage de la nature de celui-ci, je crois cependant devoir en dire deux mots, à cause de son importance relativement à l'économie politique et industrielle.

Le Mûrier blanc, ainsi que le ver à soie, qui se nourrit de ses feuilles, sont l'un et l'autre originaires de la Chine. La culture de l'un et l'éducation de l'autre étaient pratiquées en Chine 700 ans avant Abraham, et 2700 ans avant Jésus-Christ. Ce fut l'empereur Houng-ti (empereur de la terre), qui régna sur la Chine plus de cent ans, qui institua le premier l'éducation des vers à soie dans des maisons appropriées à cet usage, et l'impératrice, sa femme, qui la première enseigna à tisser les fils de soie. Leurs successeurs continuèrent long-temps après d'avoir, dans leur propre palais, des appartemens destinés à l'éducation des vers à soie, et à laquelle les princesses prenaient une grande part.

De la Chine, le Mûrier et le ver à soie se répandirent dans l'Inde, en Perse et en Arabie, et enfin dans toute l'Asie. Les expéditions d'Alexandre firent connaître et introduisirent l'usage de la soie en Grèce, 350 ans avant Jésus-Christ. Les Phéniciens firent aussi le trafic de soie, et en importèrent dans l'est de l'Europe. Sous l'empereur Sévère, les étoffes de soie se vendaient à Rome au poids de l'or, et l'empereur fit promulguer des lois qui condamnaient à mort ceux qui porteraient des vêtemens de soie. Au sixième siècle, deux missionnaires arrivèrent de la Chine, apportant à Justinien des graines de Mûrier, et firent connaître comment on élevait les vers à soie en Chine. Justinien, plus éclairé que ne l'avait été Sévère, renvoya ces missionnaires en Chine, d'où ils revinrent en 555, et apportèrent à Constantinople des œufs de vers à soie. Alors une nouvelle ère commença pour le commerce de la soie; la Grèce planta des Mûriers. Après la chute de l'empire romain, les Arabes étendirent la culture du Mûrier et l'éducation du ver à soie; l'une et l'autre passèrent en Espagne, en Portugal avec les Arabes et les Sarrazins, vers 711. De la Grèce, le ver à soie passa en Sicile et à Naples, en 1146, et y resta sans utilité jusqu'en 1540, qu'il s'étendit jusqu'en Piémont, et enfin dans toute l'Italie. Sa première apparition en France date de 1494, mais il ne s'y établit finalement qu'en 1603, sous le gouvernement et par les soins de Henri IV. Après la mort de ce prince, l'éducation des vers à soie, mal dirigée, mal administrée, découragée, a presque été totalement abandonnée dans le centre de la France, et ne s'est maintenue que dans quelques provinces du midi. Depuis 1820, elle s'est réveillée aux environs de Paris, et grâce au zèle éclairé et persévérant de M. Camille Beauvais, et à l'introduction de quelques nouvelles variétés de Mûrier, jugées plus nutritives que les anciennes, on doit espérer que ce genre d'industrie prendra un plus grand développement que par le passé.

Puisque je remplis ici le rôle d'historien, je ne dois pas omettre de dire, que malgré les écrits de MM. Dandolo, Moretti, Loiseleur-des-Longchamps, et de plusieurs autres, l'éducation du ver à soie serait peut-être encore un simple objet de curiosité sous le climat de Paris, sans l'importation du Mûrier multicaule que M. Perrotet a trouvé à Manille en 1820, qu'il a porté à Cayenne et de là en France en 1822. Ce mûrier était cultivé avec prédilection à Manille par un Chinois qui l'avait apporté de son pays comme le plus propre à la nourriture du ver à soie. C'est d'après ces notions que M. Perrotet lui en acheta quelques pieds dans l'intention d'en enrichir la France. Cette nouvelle espèce, qui s'enracine de bouture avec une facilité et une promptitude extraordinaires parmi les mûriers, fut bientôt multipliée à l'infini. Un mémoire lumineux, publié par M. Perrotet, mit le comble à la réputation de ce mûrier auquel la reconnaissance attacha le nom de Mûrier Perrotet, tandis que quelques auteurs tracassiers ou jaloux s'efforçaient de le faire désigner sous les noms de Mûrier des Philippines ou de Mûrier à feuilles en capuchon. Ainsi, c'est la présence du Mûrier multicaule qui a ranimé l'espérance presque éteinte de pouvoir éduquer le ver à soie, avec profit, sous le climat de Paris; et si cette industrie s'y implante solidement et y prospère un jour, la cause déterminante en sera due à mon confrère Perrotet.

Cependant les Américains des États-Unis, qui marchent à pas de géant dans la carrière des améliorations, pourront très bien nous dépasser à la faveur de leur climat moins variable que le nôtre. Ils s'adonnent sérieusement à la plantation du Mûrier multicaule et à l'éducation du ver à soie; et s'il faut juger de leurs progrès par un Ouvrage intitulé: *Art of raising the Mulberry and Silk*, publié à Boston en 1833, peu d'années suffiront pour faire pencher la balance en leur faveur dans cet article important du commerce.

MURIER NOIR.

Morus nigra. Poit. et Turp.

CE Mûrier devient un assez gros arbre, mais peu élevé, à tête large et diffuse; sa croissance est lente, et tant qu'il est jeune ses rameaux sont très flexibles.

Les bourgeons sont gros, courts, couverts d'une écorce un peu velue, d'un vert clair tirant sur le fauve en quelques endroits, tiquetée de points gris, se colorant d'un brun rougeâtre pendant l'hiver.

Les boutons sont gros, coniques, ventrus, avec le bord des écailles roux ou violet. Le support est saillant.

Les feuilles sont en cœur terminé en pointe, profondément dentées, longues de 4 à 6 pouces (108 à 162 millimètres), d'un beau vert foncé en dessus, blanchâtres, réticulées et un peu velues en dessous. Le pétiole, long de 12 à 18 lignes (27 à 40 millimètres), est gros, subcylindrique avec un sillon en dessus.

Les chatons mâles sont gros, longs de 1 à 2 pouces (27 à 54 millimètres). Les chatons femelles, moins longs que les mâles, sont composés chacun de 40 à 50 fleurs sessiles sur un axe ou filet velu. Après la fécondation toutes ces fleurs grossissent, deviennent succulentes, et forment, en se greffant mutuellement la mûre proprement dite, qui est d'abord d'un vert clair, ensuite d'un beau rouge, enfin d'un noir foncé et luisant. La peau se déchire aisément et laisse échapper un jus abondant d'un rouge foncé, doux, qui teint fortement la peau et les étoffes.

Le Mûrier exige une bonne terre pour parvenir au terme de son accroissement. Il est rarement dioïque, mais quelques individus produisent beaucoup de fleurs mâles et peu de fleurs femelles. Il faut éviter de les multiplier.

On plante ordinairement le Mûrier dans la basse-cour, où ses racines trouvent une nourriture abondante, ses branches et ses fleurs un abri contre le mauvais vent; il ne demande ni taille ni culture, et ses fruits surabondans tombent au profit de la volaille. Les amateurs de mûres peuvent planter un mûrier en espalier à quelque exposition que ce soit; il tapissera fort bien le mur et donnera de très beaux fruits.

La maturité des mûres a lieu de la fin de juillet à la fin de septembre. On les sert au commencement du repas; elles apaisent la soif et rafraîchissent. On en fait un sirop très utile pour adoucir les âcretés de la gorge et de la poitrine. Les mûres vertes sont détersives et astringentes; on les emploie dans les gargarismes pour les ulcères de la bouche et de la gorge.

Murier Noir.

Poiteau Pinx. De l'Imprimerie de Langlois. Bouquet Sculp.

O.1.

Murier de Virginie.

69.

Poiteau Pinx.t De l'Imprimerie de Langlois Bouquet Sc.

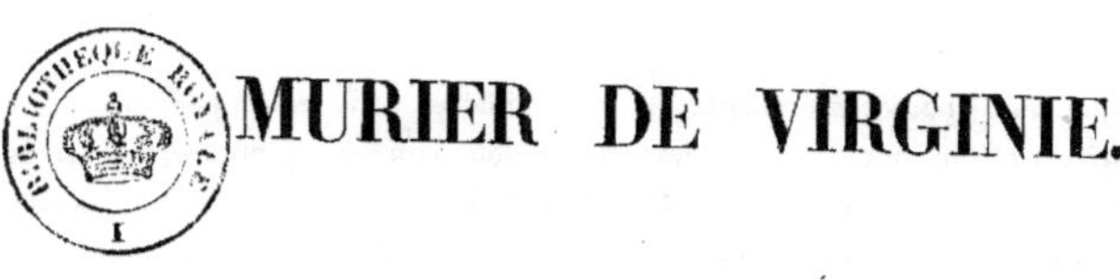

MURIER DE VIRGINIE.

Morus Virginiana, Poit. et Turp.

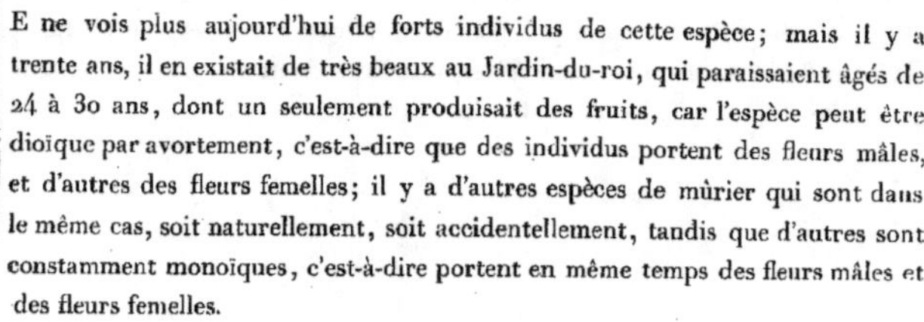

E ne vois plus aujourd'hui de forts individus de cette espèce; mais il y a trente ans, il en existait de très beaux au Jardin-du-roi, qui paraissaient âgés de 24 à 30 ans, dont un seulement produisait des fruits, car l'espèce peut être dioïque par avortement, c'est-à-dire que des individus portent des fleurs mâles, et d'autres des fleurs femelles; il y a d'autres espèces de mûrier qui sont dans le même cas, soit naturellement, soit accidentellement, tandis que d'autres sont constamment monoïques, c'est-à-dire portent en même temps des fleurs mâles et des fleurs femelles.

Ce bel arbre, originaire de l'Amérique septentrionale, est cultivé depuis long-temps comme arbre d'ornement dans la plupart des jardins de l'Europe; mais il y a moins long-temps qu'on en connaît le fruit, et qu'on l'a trouvé digne de figurer à côté de la mûre noire, connue de toute antiquité.

Les premiers individus introduits étaient probablement tous mâles, car Rai, botaniste anglais, ne leur voyant que des chatons à-peu-près comme ceux des noisetiers les avait réunis sous ce dernier genre.

En France on a appelé les individus mâles, mûriers de Virginie, et les individus fructifères, mûriers rouges, jusqu'à ce qu'il fût bien reconnu qu'ils appartiennent tous à la même espèce. Je préfère ici l'épithète *de Virginie* à l'épithète *rouge* pour deux raisons: la première, c'est parce que le fruit est autant et plus noir que rouge à l'état de maturité; la seconde, c'est qu'il y a des variétés de mûrier blanc qui ont le fruit rouge.

L'arbre devient plus gros et plus grand que le mûrier noir; sa tête est plus garnie et plus compacte que celle du mûrier blanc; son bois est surtout plus fort, plus dur et paraît propre à la construction.

Les feuilles sont grandes, cordiformes, terminées en pointe, inégalement dentées en scie, rugueuses en dessus, velues et réticulées en dessous, rarement planes, souvent ployées ou diversement contournées: sur les jeunes arbres vigoureux, on en trouve beaucoup à trois et même à cinq lobes; elles ont à la base de leur pétiole des stipules linéaires assez grandes et qui tombent avant le parfait développement des feuilles.

Les chatons mâles et femelles naissent en même temps que les feuilles sur la pousse actuelle ainsi que sur la pousse précédente; ils sont axillaires, solitaires et pédonculés; les mâles, ordinairement plus nombreux que les femelles, sont d'un blanc jaunâtre, peu serrés, longs de 27 millimètres, et tombent promptement après l'émission de leur pollen; les chatons femelles alors grossissent, deviennent succulens, s'allongent de 34 à 41 millimètres, prennent une forme à-peu-près cylindrique, s'inclinent et deviennent pendante par leur propre poids, passent du vert jaunâtre au rouge, du rouge au pourpre, et enfin au noir dans la parfaite maturité, et constituent des *mûres* proprement dites, dont la saveur est relevée d'un acide agréable qui ne se trouve pas dans la mûre noire. Elles ont en outre un goût plus fin et commencent à mûrir quinze jours avant les mûres noires.

Miller observe qu'il n'a pas réussi à greffer le mûrier de Virginie sur les autres espèces de mûrier; si en effet il ne prend pas sur ses congénères, il prendrait sur lui-même; et comme il y a des individus qui n'ont presque que des fleurs mâles, et d'autres qui ont beaucoup de fleurs femelles parmi les fleurs mâles, il suffirait de greffer ces derniers sur les premiers pour n'avoir plus que des arbres fertiles.

PLAQUEMINIER.

Diospyros. Poit. et Turp.

GENRE et chef de la famille des Plaqueminiers, contenant plusieurs arbres des deux mondes, portant des fleurs hermaphrodites fertiles sur des individus, des fleurs hermaphrodites stériles plus petites sur d'autres individus, et dont le caractère est d'avoir pour :

Fleur stérile, 1° Un calice à quatre dents;

2° Une corolle monopétale, dont le tube est court, gonflé en grelot, rétréci à la gorge, et le limbe ouvert à quatre divisions roulées en dehors;

3° Seize étamines insérées sur deux rangs à la base de la corolle, dont les filets sont très courts, les anthères lancéolées, aiguës, velues, conniventes, biloculaires, s'ouvrant latéralement, plus courtes que la corolle, et fertiles;

4° Rudiment d'un ovaire au centre de la fleur:

Fleur fertile, 5° Un calice persistant, coriace, cyathiforme, à quatre divisions ovales, étalées;

6° Une corolle monopétale, dont le tube est gonflé en grelot, et le limbe à quatre divisions ovales, ouvertes et convexes;

7° Huit étamines insérées sur un seul rang à la base de la corolle; elles ont les filets courts, les anthères petites, velues et stériles;

8° Un ovaire libre arrondi, à huit angles peu sensibles, surmonté d'un style soyeux, profondément divisé en quatre branches bifides au sommet.

9° Une baie molle, globuleuse, pulpeuse, soutenue par le calice, terminée par le style persistant, et divisée intérieurement en huit loges monospermes. Les graines pendent du sommet d'un axe commun; elles sont ovales, comprimées, composées d'une tunique épaisse, coriace, d'un grand périsperme corné et d'un petit embryon logé dans le bout du périsperme près de l'ombilic et ayant la radicale dirigée vers cet ombilic.

Observation. — Le caractère générique ci-dessus, est d'après le Diospyros d'Italie et celui de Virginie. Les botanistes rapportent à ce genre quelques espèces dont les caractères sont un peu différens.

HISTOIRE.

J'ai peu de chose à dire des Plaqueminiers. On a cru pendant long-temps que le Plaqueminier d'Italie produisait le *Lothos* des anciens, fruit fameux chez les poètes, et très commun dans l'île de Gerbes, près la côte de Barbarie, au royaume de Tunis; mais il est bien reconnu aujourd'hui que le Lothos est le fruit d'une espèce de Nerprun, appelée par les botanistes *rhamnus lotus,* et non celui de notre arbre, ni celui du Micoucoulier comme quelques-uns l'ont pensé. L'Amérique septentrionale produit une espèce de Plaqueminier dont le fruit est d'un grand usage dans le pays, et dont les ours sont très friands. On en trouve une autre espèce dans les Indes qui porte le nom de Kaki, et dont le fruit est très estimé; mais l'arbre ne résiste pas à nos hivers. Le fameux bois d'ébène est aussi un Plaqueminier qui croît à Ceylan, et qui ne résiste pas non plus à nos hivers; de sorte qu'il n'y a encore que deux Plaqueminiers qui puissent supporter la pleine terre sous le climat de Paris.

Plaqueminier d'Italie. 36.

De l'Imprimerie de Langlois. Bouquet Sc.

PLAQUEMINIER D'ITALIE.

Diospyros lotus. Poit. et Turp.

RIGINAIRE de la côte de Barbarie, cet arbre s'est acclimaté en Italie et dans le midi de la France. On le cultive dans les jardins, à Paris, comme arbre d'agrément, en attendant que son fruit se perfectionne, prenne de la grosseur et de la saveur, ce qui je crois n'arrivera de long-temps d'ici, quoi qu'en disent ceux qui croient à la naturalisation des végétaux. Cet arbre est d'une taille médiocre, s'élève droit et prend une forme pyramidale quand il croît bien et que rien ne gêne sa végétation; il pousse ses branches horizontalement, et elles pendent quelquefois sur les individus fructifères.

Les feuilles sont alternes, petiolées, oblongues, terminées en pointe au sommet et rétrécies à la base, entières, longues de 9 à 15 centimètres (3 à 5 pouces), d'un vert foncé et luisant en dessus, pâles et un peu pubescentes en dessous, munies de ce côté vers l'extrémité de plusieurs petites glandes creuses, ponctiformes.

Les fleurs n'ont pas grande apparence; elles naissent sessiles, axillaires, avec et sur la pousse actuelle, les fertiles sont un peu plus grandes que les stériles.

Le fruit est ovale-arrondi, de la grosseur d'une balle de mousquet, d'un jaune obscur, terminé par le style desséché. Si toutes les graines venaient à bien, chaque fruit en contiendrait huit, mais on n'en trouve souvent que trois ou quatre, quelquefois moins; elles sont blanches, très dures, et ont à-peu-près la forme d'un petit haricot.

Je ne puis rien dire de la qualité de ce fruit, n'en ayant jamais goûté en Barbarie. Quant à Paris, cet arbre fleurit si tard, que ses fruits n'ont jamais le temps de prendre toute leur grosseur, et encore moins de mûrir convenablement. On pourrait tout au plus en faire une fermentation alcoolique.

EXPLICATION DES FIGURES.

1. Petit rameau de fleurs fertiles.
2. Calice et pistil.
3. Corolle ouverte montrant les huit étamines stériles.
4. Une étamine.
5. Petit rameau de fleurs stériles.
6. Fleur grossie.
7. Calice.

8. Corolle ouverte montrant les seize étamines fertiles disposées sur deux rangs.
9. Une anthère grossie et répandant son pollen.
10. Coupe verticale d'un calice pour faire voir le rudiment d'ovaire entouré d'une grande glande lobée.
11. Coupe circulaire d'un fruit montrant quelques graines.
12. Une graine.
13. La même coupée horizontalement.
14. La même coupée verticalement laissant voir l'embryon dans sa position naturelle.
15. Embryon nu.

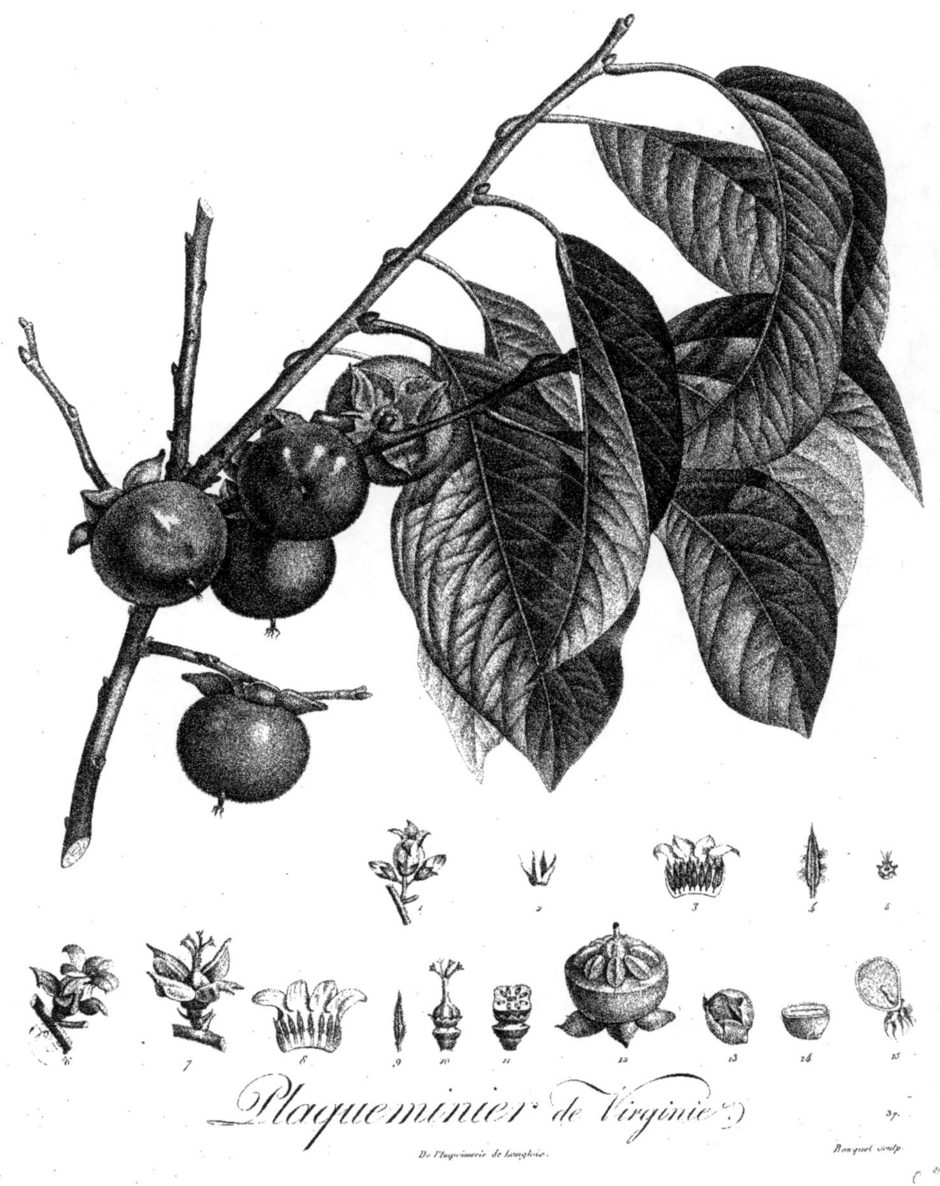

Plaqueminier de Virginie. 37.

De l'Imprimerie de Langlois. Bouquet sculp.

PLAQUEMINIER DE VIRGINIE.

Diospyros virginiana. Poit. et Turp.

LES Plaqueminiers ayant les fleurs polygames dioïques, il y a à-peu-près la moitié de ces arbres qui ne peuvent pas rapporter de fruits, mais qui aident les autres à en rapporter, d'après le système admis de la fécondation dans les végétaux. Celui-ci est un arbre de 5 à 8 mètres (15 à 24 pieds) de hauteur sur un tronc qui ne passe pas 27 centimètres (10 pouces) de diamètre; la tête est arrondie, composée de branches très flexibles, le plus souvent diffuses, inclinées. Les bourgeons sont d'un vert cendré ou quelquefois rougeâtres, pubescens, marqués de points allongés. Les supports sont saillans, les boutons gros, coniques et luisans.

Les feuilles sont alternes, pétiolées, oblongues, entières, longues de 12 à 14 centimètres (4 à 5 pouces), d'un vert gai et tendre en dessus, glauques et un peu velues en dessous. Elles sont plus grandes que celles du Plaqueminier d'Italie, et s'en distinguent aisément en ce qu'elles ne sont pas luisantes en dessus et en ce qu'elles n'ont pas de glandes en dessous.

Les individus mâles ont les fleurs axillaires, trois à trois très légèrement pédonculées.

Les individus femelles ou fructifères ont les fleurs également axillaires, mais solitaires et une fois plus grandes que les mâles, jaunâtres et de peu d'effet. Il leur succède un fruit arrondi, de 27 millim. (1 pouce) de diamètre, soutenu par le calice qui est devenu très grand et coriace; ce fruit est d'un jaune ponceau, quelquefois lavé de rouge assez vif du côté du soleil.

La chair est jaune, molle, visqueuse, douce, un peu acerbe si elle n'est parfaitement mûre. On trouve dans l'intérieur de quatre à huit grosses graines comprimées, rangées autour d'un axe central.

Ce fruit mûrit à la fin d'octobre; on peut le laisser supporter quelques petites gelées sur l'arbre avant de le cueillir; on le met ensuite sur une tablette ou sur de la paille où on le laisse s'amollir comme on fait pour les Nèfles. Il se mange comme elles, et il a sur elles l'avantage de rester long-temps mou et bon sans pourrir. Les

Américains en font du cidre, des galettes ou petits pains longs d'un goût assez agréable, qui ont la propriété d'être astringens; pour cela on écrase des fruits, on passe la pulpe au travers d'un gros tamis pour en séparer les graines et la peau; la pulpe se réduit en bouillie que l'on façonne en petits pains, et que l'on fait cuire au four ou mieux au soleil, parce qu'ils en sont meilleurs.

En France, ce fruit ne mûrit pas toujours parfaitement, et on ne le met au rang des fruits bons à manger que dans les écoles.

EXPLICATION DES FIGURES.

1. Fleur mâle.
2. Calice.
3. Corolle ouverte montrant les seize étamines fertiles disposées sur deux rangs.
4. Etamine fertile, répandant son pollen.
5. Rudiment d'un ovaire stérile de fleur mâle.
6. Fleur femelle.
7. Calice et pistil.
8. Corolle ouverte faisant voir les huit étamines stériles.
9. Etamine stérile.
10. Pistil entouré à la base d'une glande bordée d'échancrures.
11. Coupe circulaire du même, montrant les huit loges.
12. Fruit mûr coupé circulairement laissant voir les graines et leur disposition autour de l'axe commun.
13. Graine entourée de la paroi de sa loge.
14. La même débarrassée de la paroi de sa loge et coupée circulairement.
15. Coupe verticale d'une autre graine conservant à la base une partie de la paroi renversée de sa loge et montrant la forme et la position de son embryon.

PISTACHIER.

Pistacia.

GENRE de la famille des térébinthacées, composé d'arbres à feuilles ailees, à fleurs diclines, et dont le caractère commun est d'avoir :

Fleur mâle. Calice et corolle nuls; anthères nombreuses, munies chacune d'une bractée à la base : ces anthères terminent les ramifications d'une panicule; elles sont oblongues, un peu arquées, à quatre sillons, et s'ouvrent latéralement du bas en haut en deux loges (1).

Fleur femelle. Calice et corolle nuls, ovaire solitaire, ovale, muni de trois petites bractées à la base, atténué supérieurement en un style court divisé en deux ou trois stigmates élargis en lames papilleuses inégales (2).

Le fruit est une noix oblongue sèche, bivalve, uniloculaire et monosperme, elle contient sous une arille assez mince, une grosse amande verte à deux cotylédons, épais, et dont la radicule est tournée vers le sommet du fruit.

Observation. — L'amande de ce fruit est une de celles dont le développement offre des singularités remarquables. D'abord la noix qui la contient a déjà atteint presque toute sa grosseur qu'on ne trouve encore dans son intérieur qu'un grand podosperme blanc, diversement plissé, d'une nature moitié fibreuse et moitié charnue; il prend naissance à la base de la noix, s'élève jusqu'enhaut, redescend et se termine en une petite tête globuleuse et pendante : c'est dans cette tête qui doit servir d'arille à l'amande qu'est logé l'embryon, qui n'est encore qu'un point vert, et qui bientôt se développera en une grosse amande verte qui remplira toute la capacité de la noix. C'est de cette manière que l'amande se trouve renversée, car sans la grande longueur et l'inflexion du podosperme, elle se trouverait droite.

(1) Les botanistes attribuent au Pistachier des fleurs mâles avec un calice à cinq divisions et cinq étamines. Cela peut être vrai pour le Lentisque, mais nullement pour le Pistachier vrai.

(2) Ce sont également des bractées qui tiennent lieu de calices dans les fleurs femelles.

PISTACHIER COMMUN.

Pistacia vera. Poit. et Turp.

PLINE nous apprend que Vitellius, alors gouverneur de Syrie, apporta le premier Pistachier à Rome, vers la fin du règne de Tibère. C'est de là qu'il s'est répandu dans les contrées méridionales de l'Europe, où il a formé trois variétés que Linné a cru reconnaître pour des espèces, mais que M. de Candolle, qui a vu les Pistachiers de plus près que Linné, a réduites à leur juste valeur. Nous trouvons en effet sur un seul et même arbre les trois caractères qui ont servi à Linné pour former ses trois espèces. Au reste, il est naturel qu'un arbre cultivé depuis si long-temps offre des variétés. Le Pistachier n'en est pas moins précieux pour nous, et l'un des beaux présens que Rome a faits à l'Europe.

C'est un arbre de moyenne grandeur, diffus, qui perd ses feuilles chaque année sous notre climat, et dont on n'obtient des fruits à Paris qu'en le cultivant contre un mur au midi. Ses rameaux sont élastiques, flexibles et l'écorce de son tronc devient très rugueuse.

Les feuilles varient beaucoup dans leur composition: on en trouve de simples, de conjuguées, de ternées, de bijuguées et d'ailées à cinq folioles. Ces folioles sont ovales, oblongues, quelquefois arrondies, toujours entières, glabres, coriaces, à nervures latérales perpendiculaires sur la nervure médiane qui est plus saillante en dessus qu'end essous, contrairement à la loi générale; leur pétiole est aplati et comme membraneux sur les bords.

Les fleurs naissent à l'extrémité des rameaux et dans les aisselles des feuilles supérieures tombées à l'automne précédent; elles paraissent d'abord sous forme de gros boutons écailleux, qui se développent bientôt en panicules plus ou moins rameuse, et l'ensemble de ces panicules forme au bout de chaque rameau florifère, un gros bouquet jaunâtre sur l'individu mâle, et verdâtre sur l'individu femelle. Ces fleurs sont ordinairement développées au 15 mai à Paris.

Les fruits viennent aussi conséquemment par bouquets : ils sont à-peu-près de la forme

Pistachier en fruit.

285. bis.

De l'Imprimerie de Langlois

Giraud sculp.

et de la grosseur d'une petite olive, jaunâtres, ponctués de blanc vers l'époque de la maturité, et lavés de rouge du côté du soleil. On les ouvre facilement en les pressant seulement entre deux doigts pour en tirer l'amande qui est très verte, et que l'on nomme particulièrement Pistache. Elle est un peu huileuse, nourrissante et très agréable au goût; on la mange ordinairement comme la noisette, mais elle est bien plus délicate et plus parfumée. On en compose des crêmes glacées, on en fait une dragée en la couvrant de sucre, et un diablotin en la couvrant de chocolat; elle est recommandée pour adoucir la toux et fortifier l'estomac.

Toutes les parties du Pistachier, excepté l'embryon, répandent de la térébenthine et en développent l'odeur.

L'obliquité du fruit du Pistachier m'avait porté à soupçonner un avortement dans la fleur, où je présumais, par analogie, qu'on aurait pu trouver trois ovaires; mais mes recherches à cet égard furent infructueuses. Cependant Duhamel dit positivement que, si on examine attentivement les Pistaches, on aperçoit presque toujours auprès du gros fruit deux autres petits fruits avortés. Je n'ai rien à dire de l'assertion de Duhamel; mais je rappellerai que, quand il y a avortement dans le nombre des carpelles d'un fruit, il en résulte toujours une irrégularité dans le style commun : ainsi dans la pêche, la prune, il y a avortement presque constant, indiqué par l'obliquité du fruit et prouvé par l'imperfection du style et du stigma; mais dans la Pistache, on ne peut supposer d'avortement puisqu'elle est terminée par trois stigmates bien conformés. Il faut chercher la cause de sa légère obliquité dans sa structure interne, dans la place qu'occupe son gros et singulier podosperme.

Le Pistachier végète vigoureusement sous notre climat si on le plante le long d'un mur bien exposé. Vers la fin du dix-huitième siècle, on en voyait deux pieds au Jardin-du-roi à Paris, qui ont vécu une soixantaine d'années. Thouin assure qu'on ne les couvrait jamais. On n'en a pas obtenu de fruit, parce qu'ils se sont trouvés tous deux mâles, et chose incroyable, on ne s'est pas avisé d'en rendre un femelle par la greffe.

Si donc on voulait faire un espalier de Pistachier, il faudrait en planter au moins six ou huit provenus de graines, car sur le nombre, il s'en trouverait des deux sexes; et quand ils auraient fleuri et que le sexe de chacun d'eux serait connu, on pourrait en les replantant mettre un mâle entre deux femelles, ou les greffer les uns sur les autres de manière à les rendre monoïques.

Jusque sous la restauration on a vu dans la Pépinière du Roule des Pistachiers donner chaque année des fruits. On en a vu aussi dans la pépinière du Luxembourg; aujourd'hui, il n'y en a plus nulle part à Paris.

Il suffit de secouer un rameau chargé de fleurs mâles au-dessus d'un Pistachier femelle en fleur pour faire nouer les fruits et en obtenir une récolte.

Duhamel rapporte qu'il y avait dans un jardin de Paris un Pistachier femelle qui fleurissait chaque année et ne fructifiait jamais. Un printemps il fit apporter contre cet arbre un autre Pistachier mâle, en caisse, et la même année le pied femelle a produit des fruits en abondance. Le mâle ayant été retiré, l'autre n'a plus donné de fruits.

Après une expérience aussi décisive, il est bien étonnant que Duhamel, ne fût-ce que par humanité, n'ait pas pensé à greffer une petite branche de son Pistachier mâle sur ce pauvre Pistachier femelle.

Explication des figures de la planche ci-contre.

1. Boutons à fleurs mâles.
5. Boutons à fleurs femelles.
10. Coupe verticale d'un jeune fruit pour montrer qu'il a déjà acquis un volume considérable avant que l'embryon qui doit le remplir ait pris aucun développement. On ne voit encore que le podosperme dans la cavité de ce jeune fruit.
11. Fruit mûr de grandeur naturelle.
12. Coupe verticale du même, montrant l'amande à nu.
14. Coupe horizontale du même.
14. Autre coupe verticale conservant l'amande sous son enveloppe.
15. Embryon ou amende mis à nu.

Pistachier en fleur (individu fertile.)

285.

Poiteau pinx.t De l'Imprimerie de Langlois. Giraud sculp.t

PISTACHIER FEMELLE

EN FLEUR.

On a vu dans la 168e livraison l'histoire et la figure du Pistachier en fruit. Il a semblé nécessaire de donner aussi les fleurs de cet arbre intéressant, pour compléter son histoire. Ce n'est pas que ces fleurs soient brillantes ou compliquées, mais elles sont curieuses par leur simplicité.

D'abord, le grand échantillon montre la disposition des fleurs femelles au-dessous des feuilles, quand celles-ci n'ont pas encore pris le développement qu'elles doivent prendre par la suite.

Le n° 2 montre une partie d'une grappe de fleurs mâles sans la présence desquelles les fleurs femelles resteraient stériles.

3° Anthérés grossies. Chaque anthéré constitue une fleur mâle qui n'a ni calice ni corolle, mais seulement une petite bractée linéaire au bas de son filet.

4° Anthéré isolée un peu plus grossie. Ceci appartient à la fleur mâle, qui est toujours sur un individu différent de la femelle.

6° Petite portion d'une panicule des fleurs femelles, à peine grossie. Ici chaque fleur femelle à deux bractées sétacées à la base: elle se compose d'un ovaire ovale surmonté d'un style qui se divise en trois branches terminées chacune par un stigmate élargi et papilleux.

7° Une fleur plus grossie.

8° Coupe verticale de la même et plus grossie, montrant dans l'intérieur de l'ovaire un gros podosperme blanc, dont le sommet est réfléchi et soutient en *a* l'embryon de la graine.

9° Coupe circulaire d'un ovaire grossi, montrant en *a* l'embryon, et en *b* l'axe du podosperme.

Pour les autres détails, voir la planche du fruit, 285 *bis*, dans la 168° livraison.

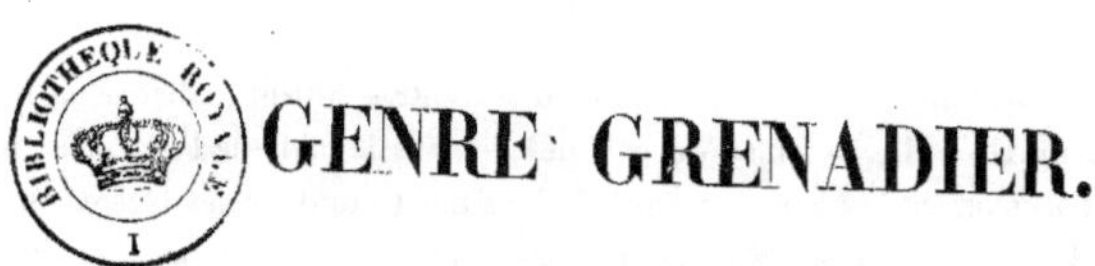

GENRE GRENADIER.

GENRE de plantes de la famille des myrtes, comprenant deux ou trois arbrisseaux des pays méridionaux, à feuilles simples, alternes ou opposées, et dont le caractère est d'avoir :

1° Un calice persistant, coriace coloré, évasé en cloche, divisé au sommet en 5, 6, 7 ou 8 découpures aiguës, ouvertes.

2° Autant de pétales que de divisions ou calice, insérés à son orifice, alternes avec ses divisions, légèrement onguiculés, plissés, chiffonnés.

3° Un grand nombre d'étamines plus courtes que les pétales, insérés sur toute la paroi interne du tube du calice.

4° Un ovaire adhérent, globuleux, surmonté d'un style de la longueur des étamines, épaissi à la base, atténué vers le sommet, et terminé par un stigmate capité.

5° Une grosse pomme arrondie, légèrement anguleuse, couronnée par le calice, charnue, coriace, divisée intérieurement en deux loges superposées par une membrane transversale; la loge inférieure est subdivisée seulement en trois compartimens, tandis que la loge supérieure est divisée en sept ou neuf.

6° Un grand nombre de grains attachés aux cloisons, rouges, cristallins, aqueux, renfermant chacun une graine.

La structure de la Grenade s'éloigne de celle des autres fruits.

HISTOIRE, CULTURE ET USAGE.

Le Grenadier n'est pas un nouveau parvenu; son ancienneté est constatée par Pline, qui lui assigne les champs de Carthage pour berceau. De là il s'est répandu en Italie, en Espagne, en Portugal et jusque dans la France méridionale; on en voit même quelques-uns à Paris où on les soustrait à la rigueur de notre climat en les palissant contre un mur à l'exposition du midi, en les couvrant l'hiver, et où, malgré ces soins, ils périssent dans les hivers rigoureux, tels que celui de 1837 à 1838.

Chemin faisant, le Grenadier a produit quelques variétés à fruits plus doux; il en a produit aussi à fleurs pleines dont l'horticulture s'est emparée pour l'ornement des grands et petits jardins, et que l'on cultive en caisse pour pouvoir les rentrer en orangerie pendant l'hiver. Enfin l'Inde nous a fourni une espèce naine qui fleurit plus abondamment que les autres. Tous ces Grenadiers ont la fleur très rouge, mais il en existe un autre à fleur jaune, que les uns font venir d'Amérique, et que d'autres croient indigène en Europe.

La culture du Grenadier à fruit n'est pas difficile dans le midi de la France ; mais à Paris, il faut absolument le planter en espalier dans une terre douce et légère. On ne le soumet pas à la taille comme un arbre fruitier, parce que les fleurs naissent au bout des branches ; on se contente de les palisser et de supprimer le bois mort ou défectueux. On en obtient bien quelques Grenades assez belles, mais leurs grains restent toujours trop acides, et elles ne peuvent remplacer celles que le commerce nous envoie.

Le Grenadier se multiplie de drageons, de boutures et de marcottes ; dans le midi on en fait des haies.

Depuis moins de dix ans, la médecine a constaté que les racines fraîches ou vivantes du Grenadier, mise en poudre ou en décoction, sont un puissant remède contre le ténia ou ver solitaire ; les racines séchées ne produisent plus le même effet.

Dans les boutiques, les fleurs du Grenadier se nomment *balaustes* et l'écorce de son fruit s'appelle *malicorium*. On les emploie avec succès dans le cours de ventre, la dysenterie et les pertes de sang. Les fleurs s'ordonnent par pincée en infusion ; l'écorce se met en poudre et se prend en décoction. On prépare avec les grains de Grenade un sirop excellent pour apaiser l'ardeur de la soif dans les fièvres continues; il adoucit la bile et les humeurs âcres par son agréable acidité, les grains sont astringens comme l'écorce. Dans les usages de la médecine, on préfère les Grenades aigres à celles qui sont douces.

Grenadier à fruit doux.

De l'Imprimerie de Langlois — Bouquet Sc.

GRENADIER A FRUIT DOUX.

Punica granatum. Poit. et Turp.

LE Grenadier à fruit, c'est-à-dire à fleur simple, est un grand arbrisseau qui produit de sa base plusieurs tiges flexibles, élastiques, rameuses, effilées, longues, couvertes d'une écorce d'un gris cendré; les bourgeons sont grèles ailés la première année, mais ensuite ils deviennent ronds quand leur premier épiderme est détruit: les petites branches latérales se terminent ordinairement par une épine sèche; les consoles sont très peu saillantes et supportent des boutons petits, ordinairement opposés deux à deux, quelquefois trois à trois, rarement alternes.

Les feuilles sont oblongues, légèrement pétiolées, ondulées, entières, luisantes, opposées ou ternées sur les rameaux vigoureux, quelquefois alternes sur d'autres, longues de 2 à 3 pouces (54 à 81 millimètres). Le pétiole est court, et se colore en rouge aux approches de l'automne.

Les fleurs naissent trois ou quatre ensemble au sommet des branches de moyenne force. Elles sont d'un rouge éclatant, se succèdent depuis le mois de juin jusqu'en septembre, et rendent le Grenadier l'un des plus beaux ornemens des jardins. Les pétales tombent après le quatrième jour de leur épanouissement, mais les nombreuses étamines dorés persistent ainsi que le calice dont la vive couleur ne le cède en rien à celle des pétales.

Le fruit est une grosse pomme arrondie, appelée Grenade, et qui a donné son nom à un globe meurtrier dont les rois arment leurs sujets pour détruire d'autres sujets. La peau est épaisse, coriace, d'un fond jaune, piquetée de points roux et lavée d'une belle couleur rouge du côté du soleil. L'intérieur de la Grenade est divisé en plusieurs loges inégales, aux parois desquelles sont attachés un grand nombre de grains de la grosseur et de la couleur d'une groseille rouge, comprimés, anguleux, transparens, gonflés d'un suc acide doux, abondant et très agréable.

Le centre de chaque grain est occupé par une semence blanche, allongée, qui n'a aucune saveur, quoiqu'on lui attribue des propriétés astringentes.

Les Grenades mûrissent difficilement à l'air libre; à Paris, on ne les cueille qu'à la veille des gelées.

Un fait très singulier et digne de l'attention des physiologistes, c'est que la tige des

Grenadiers à fleurs doubles se tord en vieillissant, comme on peut le voir sur les Grenadiers de l'orangerie de Versailles et du Luxembourg. Je ne sais si les Grenadiers à fruits se tordent de la même manière avec l'âge, parce que je n'en connais pas de très vieux, nos hivers les détruisant tous les dix ou douze ans.

Airelle Myrtille.

134.

De l'Imprimerie de Langlois.

Rouquet Sc.

AIRELLE MYTILLE.

Vaccinium myrtillus. Poit. et Turp.

SI ce petit arbuste venait de la Chine ou de la Nouvelle-Hollande, il ferait fortune dans nos jardins; mais il a le malheur de croître de lui-même dans la forêt de Montmorency, et il ne lui en faut pas davantage pour être frappé de proscription. Ni les jolies fleurs roses qu'il nous offre en avril et mai, ni les fruits nombreux qu'il laisse tomber dans nos mains en juillet et août ne peuvent lui faire obtenir la plus petite place auprès de ses frères superbes qui ont, au-dessus de lui, le rare mérite de venir de l'Amérique et du Japon, et de coûter bien cher. Au reste, l'Airelle peut fort bien se passer de notre apologie; tant que les Lettres honoreront les nations, on se rappellera ce vers de Virgile :

Alba ligustra cadunt, vaccinia nigra leguntur.

L'Airelle que les botanistes appellent *vaccinium* avec Virgile, a reçu beaucoup de noms dans différens temps et en différens pays. Les Bauhin l'appelaient vigne du mont Ida; Tabernæ Montanus lui ayant trouvé du rapport avec un petit myrte, l'appelait *Myrtillus :* Cœsalpin lui donne le nom de *Bagole;* aujourd'hui on le connaît sous celui de *Moret* en Normandie et sous celui de *Raisin de bois* aux environs de Paris. C'est un petit arbuste qui s'élève à 32 ou 64 centimètres, et qui pullule au point de couvrir en peu d'années ces espaces considérables de terrains sablonneux aux lisières des bois et dans les taillis découverts où il croît naturellement. Sa principale racine est ordinairement couchée ou oblique; elle est munie çà et là de quelques petits chevelus très ramifiés, plus nombreux vers le collet que partout ailleurs.

La tige, roussâtre et fendillée à la base, devient rarement plus grosse qu'une plume à écrire; elle est droite et se divise près de terre en plusieurs rameaux anguleux par la décurrence des supports, et garnis de feuilles alternes, ovales, longues de 20 à 28 millimètres, terminées en pointe raccourcie, bordées de petites dents inégales et glanduleuses. Ces feuilles, teintes d'un assez beau rouge dans leur jeunesse, sont, dans l'état adulte, d'un vert gai en dessus, d'un vert moins foncé en dessous; elles tombent aux approches de l'hiver et laissent voir dans leur aisselle un bouton long, pointu et blanchâtre, qui contient le rudiment d'une nouvelle pousse.

Les fleurs naissent en avril et mai sur les pousses de l'année; elles sont solitaires, axillaires pédonculées, inclinées, figurées en grelot et d'un rose pâle. Je les ai toujours vues décandres, quoique les botanistes les considèrent comme octandres.

A ces fleurs succèdent des baies noires couvertes d'une poudre bleuâtre, et grosses comme une petite balle de pistolet, contenant dans son intérieur une chair aqueuse, violette et une assez grande quantité de graines jaunâtres.

Les fruits de l'Airelle sont d'une saveur sucrée, relevée d'un aigrelet agréable; on les mange crus avec plaisir; mais je crois, avec Bosc qu'on pourrait en faire des confitures en employant le procédé usité chez les Canadiens pour le *Vaccinium corymbosum* (*Voir le Cours d'agriculture de Déterville*). On les vend à la mesure sur les marchés de plusieurs villes de la Normandie et ailleurs. Quand les enfans en mangent beaucoup il leur cause une légère ivresse. Les qualités astringentes de toute la plante la rendent propre à tanner le cuir. Certains vignerons emploient le fruit de l'Airelle pour colorer le vin, ce qui est une falsification, il est vrai, mais nullement dangereuse.

EXPLICATION DES FIGURES.

1. Bout de rameaux avec des fleurs de grandeur naturelle.

2. Ovaire surmonté de son style et d'une étamine.

3. Forme de la corolle, composée de cinq pétales soudés ensemble.

4. Ovaire surmonté du style et des étamines dans leur position naturelle.

5. Une étamine isolée, grossie, montrant ses deux appendices par en bas sur le filet, ses deux branches latérales et ses deux loges ouvertes au sommet par où s'échappe le pollen.

6. La même, vue de côté.

7. Coupe circulaire d'un jeune fruit montrant les cinq loges et les graines qu'elles contiennent.

8. Fruit mûr de grandeur naturelle, sur lequel on voit la place de l'insertion des cinq pétales et des dix étamines.

9. Coupe du même, montrant la couleur de la chair et celle des graines.

10. Une graine très grossie.

11. Coupe circulaire d'une autre graine plus grossie, montrant la place de l'embryon.

12. Coupe verticale faisant voir la position de l'embryon au milieu d'un périsperme blanc.

13. Embryon isolé.

www.ingramcontent.com/pod-product-compliance
Lightning Source LLC
LaVergne TN
LVHW010404240826
846091LV00019B/162

9782329331751